GRÜNES WUNDER

WÄLDER IN DEUTSCHLAND

UTA HENSCHEL | THOMAS STEPHAN

VORWORT
Prof. Dr. Hubert Weiger
Die Urwälder von morgen

SEITE 7

DER WALD
Das unbekannte Ökosystem

SEITE 8 und SEITE 82

DIE PIONIERE DES TIEFLANDS
Wälder von 0 bis
200 Höhenmeter

SEITE 96

INHALT

VIELFALT DER MITTELGEBIRGE
Wälder von 200 bis
800 Höhenmeter

SEITE 118

DIE EXTREMISTEN DES HOCHGEBIRGES
Wälder ab 800 Höhenmeter

SEITE 148

METHUSALEMBÄUME
Wegweiser für die Wälder
der Zukunft

SEITE 172

ANHANG

Übersichtskarte	194
Zahlen & Fakten	195
Glossar	196
Literatur	198
Register	199
Impressum	200

Wälder haben einst den allergrößten Teil Deutschlands bedeckt und geprägt. So verwundert es nicht, dass die Deutschen ein besonderes Verhältnis zu ihrem Wald hatten und noch haben. Zum deutschen Wald oder besser zum deutschen Forst. Denn von den einstmaligen Urwäldern ist heute so gut wie nichts geblieben. Nur karge Reste erinnern noch an urige Laubwälder mit jahrhundertealten Buchen und Eichen und an meterdicke, alte Weißtannen in steilen Bergwäldern. Rodungen für Siedlungen und Landwirtschaft drängten den Wald auf ein Drittel der Landesfläche zurück. Noch heute kämpfen wir vom BUND gegen viele Projekte, die sich durch die Wälder unserer Heimat fressen.

IM LAUFE DER JAHRHUNDERTE hat der verbliebene Wald sein Gesicht grundlegend verändert. Übernutzte Wälder wurden mit Kiefern und Fichten »aufgeforstet«. Viele dieser labilen Reinbestände mussten in den letzten Jahrzehnten unter großen Anstrengungen wieder in Mischwälder umgewandelt werden. Dennoch bestimmen noch immer diese beiden Nadelbaumarten das Bild des deutschen Waldes. Auf diese Weise sicherte die Forstwirtschaft zwar die Nachhaltigkeit der Holznutzung, machte aber aus dem Land der sommergrünen Laubwälder mit Buchen, Linden, Eschen, Ahorn und Eichen ein Land der Fichten- und Kiefernforste.

DER DEUTSCHE WALD heute ist häufig jung, nicht alt, vielfach einförmig und monoton, statt gemischt, strukturreich und bunt. Er ist belastet durch Luftschadstoffe und Wildverbiss und erneut gefährdet durch die zunehmende Intensivierung der Holznutzung. Großsägewerke, Ganzjahreseinschläge, hoch mechanisierte Holzernte und große Holzheizkraftwerke fordern vor allem eines: Holz, Holz und Holz.

300 JAHRE NACHHALTIGE FORSTWIRTSCHAFT wollen Forst- und Holzwirtschaft nächstes Jahr feiern. Damit allein aber lassen sich die Defizite im Wald nicht beheben und die Anforderungen nicht erfüllen. Der Umgang mit dem deutschen Waldnaturerbe darf sich nicht auf inhaltsleere Marketingstrategien beschränken, nach dem Motto: »weiter wie bisher«. Er muss sich vor allem inhaltlich neu ausrichten. Zur künftigen Waldstrategie gehört neben einer naturnahen Waldnutzung auf 95 Prozent der Waldfläche auch ein bewusster Nutzungsverzicht auf fünf Prozent der deutschen Waldfläche. Der BUND will dies verpflichtend für den öffentlichen Wald und fordert die sofortige Umsetzung dieses Ziels für die Wälder im Eigentum des Bundes und der Bundesländer.

DASS SICH TEILE der Forstwirtschaft und einige Bundesländer noch immer weigern, die Nationale Biodiversitätsstrategie des Jahres 2007 zu realisieren, wirft auch auf internationaler Ebene ein schlechtes Licht auf Deutschland. Mit Argumenten aus dem vorigen Jahrhundert fällt die deutsche Forstwirtschaft zurück in jene längst überwunden geglaubten Zeiten der »Bodenreinertragslehre« bzw. der »Kielwassertheorie«. Diese überholten Betriebskonzepte schrieben eine klare Priorität der Holznutzung fest und verwiesen darauf, dass die anderen Waldfunktionen sozusagen im Kielwasser miterfüllt werden sollten. Dabei wird die Bedeutung der Wälder leider zu einseitig an der Holznutzung und dem Gewinn daraus gemessen und zu wenig an dem weit größeren Nutzen für das gesellschaftliche Gemeinwohl und dessen Interesse an sauberem Trinkwasser und einem ausgeglichenen Regionalklima.

WALDÖKOLOGISCHE UNTERSUCHUNGEN der letzten Jahrzehnte belegen zudem, dass selbst eine naturnahe Forstwirtschaft keinen umfassenden Schutz der Biodiversität garantieren kann. Um das Ökosystem Wald und seine Artenvielfalt zu erhalten, brauchen wir langfristig mehr alte Wälder und vor allem solche, die sich natürlich entwickeln und richtig alt werden dürfen. Wir brauchen heute die »Urwälder von morgen«. Dass wir wahrhaft alte Bäume vorwiegend als Einzelexemplare im Stadtpark kennen und nicht aus alten Wäldern, ist ein Armutszeugnis für die deutsche Forstwirtschaft.

WIR VOM BUND, dem größten deutschen Naturschutzverband, sind sehr erfreut, dass dieses Buch Lust macht, mehr als einen Blick auf die deutschen Wälder, auf die deutsche Forstwirtschaft zu werfen. Lebendige, sachkundige Texte und hervorragende Bilder führen den Leser durch viele Details deutscher Waldlandschaften. Ein Buch, das hilft, das Wissen über Wälder zu vertiefen, und das vor allem Lust macht, die Wälder zu erkunden. Dabei wünschen wir dem Leser viel Vergnügen!

Prof. Dr. Hubert Weiger Vorsitzender des Bund für Umwelt und Naturschutz Deutschland (BUND) e.V.

ROTBUCHENBLÄTTER

DER WALD
DAS UNBEKANNTE ÖKOSYSTEM

WIR DEUTSCHE HABEN EIN ROMANTISCHES VERHÄLTNIS ZUM WALD. ER IST DER MAGISCHE SCHAUPLATZ BERÜHMTER WERKE DER LITERATUR, DER MALEREI, DER MUSIK, IST BÜHNE UNSERER MÄRCHEN- UND SAGENGESTALTEN. UND BIS HEUTE EIN ORT, DER UNSERE FANTASIE BEFLÜGELT. ABER WIE IST ES MIT DEM REALEN WALD? WAS WISSEN WIR ÜBER IHN? KENNEN WIR SEINEN BIOLOGISCHEN KOSMOS, DIE GESCHÄFTIGEN METROPOLEN DES LEBENS UNTER SEINEN GRÜNEN DÄCHERN? HABEN WIR EINE AHNUNG VON DEN LEISTUNGEN, DIE ER FÜR UNSER GEMEINWESEN ERBRINGT? UND WAS GEBEN WIR DEM WALD ZURÜCK?

DIE BILDER AUF DEN FOLGENDEN SEITEN ZEIGEN, WIE SICH DER HAINICH, EIN SOMMERGRÜNER LAUBWALD, IM TAKT DES JAHRES WANDELT UND SEINE TIERISCHEN UND PFLANZLICHEN BEWOHNER NÖTIGT, IHRE LEBENSLÄUFE AUF DIESE VERÄNDERUNGEN ABZUSTIMMEN.

FÜLLE DES SOMMERGRÜNS

HERBSTFARBEN DER VIELFALT

EINHEITSWEISS DES WINTERS

KRONENERWACHEN IM FRÜHLING

MIT BLÜTENWOLKEN HOCH OBEN in den Kronen kehrt das Leben in den sommergrünen Laubwald zurück. Bevor sie ihre Blätter entfalten, sichern sich Spitzahorn, Vogelkirsche und Weide die ungeteilte Aufmerksamkeit von Hummeln, Wespen und Bienen. Nektar und Pollen, die im Frühling noch rar sind, verlocken die Insekten zum gewissenhaften Flug von Blüte zu Blüte. Gerade jetzt brauchen viele Kerbtiere hochwertige Nahrung für ihre wachsenden Familien und Staaten. Auch Ulmen halten sich mit der Belaubung zurück und machen es dem Wind dadurch leichter, ungehindert ihre Blüten zu bestäuben. Die ersten Bäume blühen im März, die letzten im Mai. Von links nach rechts: Spitzahorn, Kirsche, Sal-Weide, Ulme.

WENN BÄUME HOCHZEIT HALTEN

BERGAHORNBLÄTTER SPRENGEN IHRE HÜLLE.

WENN SONNENSTRAHLEN im Frühling bis auf den Waldboden fallen, reckt sich der Baumnachwuchs in der Hohen Schrecke nach dem Licht. Sein Ziel: ein Platz in der Wipfelzone.

>ZUNDERSCHWÄMME besiedeln den Stamm einer Buche. Diese parasitischen Pilze sind das Merkmal alter Waldgesellschaften. Sie verraten, dass die Abwehrkräfte eines Baumes nachlassen.

LAUBWALD HAINICH, WELTNATURERBE SEIT 2011

EIN ESPENBLATT WIRD SEZIERT.

LEBEN VOM BLATT Laubnutzer sind Legion. Ob sie Chlorophyll knabbern und nur das Geäder zurücklassen oder wie der Minierer schlemmend ein Blatt durchkriechen. Blattläuse gebären ihren Nachwuchs gleich auf dem Futterplatz, einer nahrhaften Knospe. Eichenblattroller falten Blätter zu Päckchen, in denen Ei und Larve überwintern. Einige Raupen suchen nur ein Dach über dem Kopf und weben zwei Blatthälften aneinander. Raffinierter gehen Gallwespen vor: Mit Hormonen bringen sie Blätter dazu, ein Spezialgewebe zu bilden, die Gallen. Darin versteckt, macht der Nachwuchs des Insekts seine Entwicklung durch. Vor Parasiten aber schützt das nicht: Wespen bohren mit ihrem Legestachel die Gallen an und deponieren ihr eigenes Ei in der Gallwespenlarve. Dank seiner kräftigen Mundwerkzeuge kommt der Große Puppenräuber ganz ohne Tricks aus. Pro Saison vertilgt er 400 Schmetterlingsraupen oder -puppen

EINE JUNGE RAUPE verspinnt die Ränder eines Eichenblatts zu einer Tasche, in der sie sich verpuppt.

FENSTERFRASS ist typisch für die durchsichtigen Larven der Lindenblattwespe.

FRASSSPUREN markieren den Weg der Minierlarve zum Verpuppungsplatz.

GALLEN der Eichenlinsen-gallwespe kleben an der Unterseite eines Eichenblatts.

EIN PARASIT sticht in die Galle der Gestreiften Eichengallwespe.

GALLWESPEN schlüpfen
schon im Januar
aus ihrem Eichgallapfel.

IN ROTEN STIFTGALLEN
befinden sich die Larven der
Lindengallmilbe.

GROSSE PUPPENRÄUBER
fressen die Larve
eines Schwammspinners.

EINE BLATTLAUS bringt
auf einer Knospe
lebende Brut zur Welt.

DIE EITÖNNCHEN des
Eichenblattrollers bestehen
aus Eichenblättern.

ÜBER 1000 QUADRATMETER BLATTFLÄCHE IN EINER BUCHENKRONE

EINE ESCHE VERSINKT IN EINEM BETT AUS BÄRLAUCH.

JENSEITS DER UMGESTÜRZTEN BUCHE im Hainich wächst ein künftiger Urwald aus sommergrünen Laubbäumen heran. Ihnen kommen die Mineralien aus dem zerfallenden Holz des Riesen zugute.

ROTBLAUER STEINSAME BEI BURG WENDEN

ES GIBT PFLANZEN, die sich mit dem Halbdunkel des Waldbodens arrangiert haben. Sie blühen im Sommer am Waldrand oder in lichten Eichen- oder Nadelmischwäldern, durch deren Blätterdach, selbst bei voller Belaubung, noch genug Helligkeit fällt. Allerdings wirken sie nicht durch Masse, sondern als zarte Solitäre, die sich vom grünen Hintergrund abheben. Echtes Salomonssiegel, Siebenstern, Glockenblume und die Vierblättrige Einbeere (von links nach rechts) entfalten ihre Blüten von Mai bis Juli und meiden so die Konkurrenz der Frühblüher.

ZARTE BLÜTEN IM SOMMERWALD

EIN JUNGER WALD GEDEIHT IM TOTHOLZ.

EIN MOSCHUSBOCK AUF SEINEM BRUTBAUM, DER WEIDE

HOLZ FÜR FEINSCHMECKER Die Larven vieler Holzkäfer sind wählerisch. Sie stopfen nicht jede beliebige Dendromasse in sich hinein, sondern nur ganz bestimmte Kost: etwa Rinde oder Kambium, Splintholz, Kernholz oder Totholz in unterschiedlichen Verfallsstadien. Dieser Spezialisierung wegen gelten einige Käfer als Urwaldrelikte. Sie überleben nur dort, wo Bäume alt werden und verrotten. Die erwachsenen Käfer ernähren sich – wenn überhaupt – von Hochprozentigem, von zucker- oder proteinreichem Baumsaft, um für die Fortpflanzung bei Kräften zu sein. Für Hirschkäfer, die eine solche Quelle für sich beanspruchen, lohnt sich sogar ein Kampf gegen männliche Rivalen. Denn Saftbesitzer sind als Partner begehrt.

ECKFLECKIGER Zahnflügel-Prachtkäfer vor seinem Schlupfloch in einer Buchenkrone.

EIN DUNKLER Zierbock nascht Pollen an einer Wildrosenblüte.

DER VEILCHENBLAUE Wurzelhalsschnellkäfer lebt in Baumhöhlen.

DER ALPENBOCK zählt mit bis zu 40 Millimetern zu unseren größten Käfern.

URWALDRELIKTE wie der Eremit überleben nur in alten Bäumen.

LARVEN des Kerbhalsigen Zunderschwamm-Schwarzkäfers leben im Zunderschwamm

PUPPEN des Kopfhornschröters ruhen im weißfaulen Holz von Laubbäumen.

SCHWARZBRAUNE Kurzschröter leben in rotfaulem Holz.

RINGKAMPF zweier Hirschkäfer um eine Saftquelle

SERRAHNER BUCHENWALD, WELTNATURERBE

WOVON SOLLTEN WÄLDER WACHSEN, würden Pilze nicht auf ihre diskrete Art das tote Holz gestürzter Baumriesen zerlegen? Mit ihren feinen Fäden brechen sie Lignin- und Zellulosemoleküle auf und verwandeln die organische Substanz Holz wieder zurück in jene anorganischen Mineralien, von denen sich der Wald ernährt.

PRÄCHTIG, ABER ZERSETZEND: EIN SCHWEFELPORLING

DIE PERFEKTE KREISLAUFWIRTSCHAFT Im unbewirtschafteten Wald gibt es keine Abfallprobleme. Dafür sorgen die Holzpilze. Sie machen nicht nur harte Stämme mürbe, auch Äste, Zweige, Blätter, Schalen und Früchte werden wieder in ihre anorganischen Bestandteile aufgespalten und dem Boden zugeführt. Wenn irgendwo im Wald ein Ast vom Baum fällt oder die Samenhüllen von Eichen, Ahorn, Buchen herumliegen, sind die Recyclingspezialisten blitzschnell zur Stelle. Ihre feinen Sporen fliegen auf einer Brise herbei und setzen sich dort fest, wo totes Holz abgebaut, der Wald aufgeräumt werden muss. Die meisten Pilze sind Spezialisten. Sie verarbeiten nur bestimmte Baumarten oder Baumteile. So machen sie sich gegenseitig keine Konkurrenz.

DER ÄSTIGE Stachelbart wächst auf sehr alten Stämmen von Laubbäumen.

DER GRÜNSPANBECHERLING gedeiht bei Feuchtigkeit auf morschem Laubholz.

GESELLIGE Stockschwämmchen besiedeln den Stamm einer Hainbuche.

DER BERINGTE Schleimrübling wächst an stehendem und liegendem Totholz.

MOSAIKSCHICHTPILZE zersetzen kerniges Eichentotholz.

DIE ZELLULOSE liegender Stämme zersetzt der Leuchtende Weichporling.

PARASITISCH lebt der Goldfell-Schüppling an Stammverletzungen der Buche.

ECHTE ZUNDERSCHWÄMME ändern ihre Wuchsrichtung, wenn ihr Stamm umfällt.

GESÄTE Tintlinge zerfließen durch Selbstverdauung zu schwarzer Tinte.

GEWEIHFÖRMIGE Holzkeulen besiedeln die Stümpfe von Laubgehölzen.

NATURWALDRESERVAT BRUNNSTUBE, STEIGERWALD

WALDBÄUME TRAGEN NICHT JEDES JAHR FRÜCHTE. Sie müssen ihrem Nachwuchs so viele Nährstoffe mitgeben, dass sie in sogenannten Mastjahren, wenn besonders viele Samen produziert werden, sogar abmagern. Ihre Jahresringe fallen schmal aus, die Blätter kleiner. Die hochwertige Wegzehrung, mit denen die Keime umhüllt sind, macht sie als Futter für viele Waldtiere hoch attraktiv. Aber das muss kein Unglück sein. Manche Früchte – wie die der Elsbeere – brauchen offenbar sogar die Passage durch einen Verdauungstrakt mit seinen scharfen Säften, um zu keimen. Andere – wie Bucheckern und Eicheln – werden von Buchfinken und Eichelhähern über große Distanzen verschleppt, als Wintervorrat versteckt oder fallen den Vögeln unterwegs aus dem Schnabel. Die geflügelten Nüsschen der Hainbuche fliegen mit dem Wind an ihren künftigen Wuchsort.

DAS STARTKAPITAL EINES LAUBMISCHWALDS

VON JEHER IM HAINICH HEIMISCH: DIE EUROPÄISCHE WILDKATZE

DER WALD ALS WOHNUNG FÜR JÄGER UND GEJAGTE Allmählich wachsen die Populationen von Wildkatzen, Wölfen und sogar Luchsen in unseren Wäldern. Jäger wie sie brauchen jedoch Platz, brauchen Reviere, in denen es genug Verstecke gibt und genug Beutetiere für die nächsten Generationen. Auch Hirsche und Rehe sind eigentlich darauf angewiesen, mit den Jahreszeiten und dem Nahrungsangebot zwischen Tälern und Bergen zu pendeln. Dicht bepflanzte Wanderkorridore, die isolierte Wälder miteinander verbinden, bieten die Illusion großflächiger Wildnisse. Diese Lösung wird von vielen unserer heimischen Säugetiere angenommen. Sie breiten sich aus, erproben neue Wohngebiete und finden neue Partner. So wird auch der Genpool immer wieder neu gemischt.

EURASISCHE Luchse sind vereinzelt wieder heimisch in Deutschland.

AUCH WÖLFE leben wieder als Rudel in unseren Wäldern.

ROTFÜCHSE sind Allesfresser und nehmen sogar mit Obst und Regenwürmern vorlieb.

EICHHÖRNCHEN brauchen die Samen von 100 Fichtenzapfen, um satt zu werden.

ROTHIRSCHBÖCKE tragen zur Brunftzeit ein mächtiges Geweih.

REHE haben sich an alle natürlichen Lebensräume angepasst.

WILDSCHWEINE bringen ihre Jungen in Wurfkesseln zur Welt.

DACHSE leben im Familienverband in unterirdischen Bauten.

SIEBENSCHLÄFER verbringen acht Monate im Winterschlaf.

RÖTELMÄUSE legen unterirdisch viele Kammern und Gänge an.

DIE VERBORGENE BASIS DER VIELFALT Bescheiden, aber nicht anspruchslos sind die ungezählten Organismen, denen nischenreiche Laubmischwälder ein Auskommen sichern. In den Kronen, an Zweigen oder Blättern, in der wulstigen Rinde alter Bäume, im Totholz am Boden oder in der weichen Laubschicht haben sie sich eingerichtet. Je nach Lebensentwurf spezialisieren sie sich auf die Jagd nach Käfern, Regenwürmern, Asseln – wie der Grasfrosch; lauern als Parasiten auf Schmetterlinge, Weberknechte, Heuschrecken – wie die Samtmilbenlarven; verdauen Exkremente, Aas und Pflanzenreste – wie die Springschwänze; raspeln den Biofilm von glatten Buchenstämmen – wie die Schließmundschnecke; saugen an Baumsäften – wie der Trauermantel; machen sich als Pflanzenfresser über die Blätter ganz bestimmter Baumarten her oder funktionieren weiches Totholz zur Puppenwiege um.

SCHLIESSMUNDSCHNECKEN können ihr Gehäuse mit einem Deckel verschließen.

RIEMENSCHNECKEN leben im Wald unter Laub und Fallholz.

SAMTMILBEN ernähren sich von Insektengelegen und kleinen Bodentieren.

GEMEINE EICHENSCHRECKEN machen Jagd auf Blattläuse und kleine Raupen.

LINDENSCHWÄRMER paaren sich, kurz nachdem sie geschlüpft sind.

TRAUERMANTEL-Falter
ernähren sich von
Baumsäften und Fallobst.

GRASFRÖSCHE
verstecken sich
tagsüber in Totholz.

KUGELSPRINGER
machen aus Pflanzenresten
natürlichen Dünger.

TOTHOLZ mit reichlich
Mulm dient vielen Insekten
als Puppenwiege.

RAUPEN des Buchen-
Streckfuss verpuppen sich
am Boden in einem Kokon.

MIT EINEM FEUERWERK VON FARBEN verabschieden sich die Laubbäume im Herbst von ihren Blättern. Der wertvolle grüne Farbstoff Chlorophyll wird zurückgeholt und bis zum nächsten Frühjahr in Stamm und Wurzeln eingelagert. Ist das Grün verschwunden, kommen die anderen Farbpigmente zum Vorschein, und Wälder wie die der Hohen Schrecke prunken mit flammenden Rot- und Gelbtönen.

DER HAINICH IM RAUREIF

WINTERNEBEL AUF DEM ZABELSTEIN IM STEIGERWALD

DIE RIESENBUCHEN DES STEIGERWALDS

MÄRZENBECHER UND BECHERLING SIND IM FRÜHLING DIE ERSTEN.

EIN BLÜTENTEPPICH aus Hohlem Lerchensporn bedeckt den Waldboden. Die Pflanzen der Krautschicht reagieren schneller auf die Märzsonne als die Baumknospen. Schon im Mai sind die Samen des Frühblühers reif und fallen aus den schotenförmigen Kapseln. Lerchensporn ist eine der typischen Begleitpflanzen für Kalkbuchenwälder wie den Hainich und zeigt nährstoffreiche Standorte an.

NUR DANK IHRER RÜCKLAGEN aus der Vegetationszeit des Vorjahrs können die frühen Pflanzen des Waldbodens austreiben. Die nötige Energie zum Blühen stammt aus Speicherorganen – beim Leberblümchen und Buschwindröschen aus Rhizomen, beim Gelbstern aus einer Zwiebel. Nur der Schuppenwurz, der kein Chlorophyll besitzt, blüht auf Kosten anderer Pflanzen. Sein bis zu zwei Meter langes und bis zu fünf Kilo schweres Rhizom hat kleine Saugorgane, mit denen es beispielsweise das Gewebe von Bäumen anzapft und deren Saft ableitet.

DIE ERSTEN BLÜTEN ZEHREN
VON EINGELAGERTEN VORRÄTEN

AM FUSS ZUSAMMENGEWACHSENE ESCHEN, SOGENANNTE ZWIESEL

EIN FARN ENTROLLT SEINE WEDEL.

DER WALD
DAS UNBEKANNTE ÖKOSYSTEM

Kennen Sie das? Es ist Sommer. Sie machen einen Ausflug in den Wald und stehen, wenige Meter vom Weg entfernt, unversehens inmitten einer Gesellschaft riesenhafter Lebensformen. Oder vielleicht haben Sie es sich auf weichen Moospolstern bequem gemacht und schauen in die Höhe. Ihr Blick gleitet an mächtigen Stämmen hinauf, fünf, zehn, womöglich 20 Meter weit, bis er sich verliert im ausladenden Delta von Ästen und Kronen. Von dem Luftzug, der dort die Blätter bläht wie Abermillionen Segel, ist am Boden wenig zu spüren. Doch oben im leise wogenden Baldachin öffnen sich feine Risse, durch die Ihnen die Sonne funkelnde Blitze in die Augen schießt. Sie atmen tief ein, und in diesem Moment überkommt Sie ...

Nun, was immer es ist, das Sie überkommt: 126 Frauen und Männer aus verschiedenen Gegenden der Bundesrepublik haben in Interviews preisgegeben, was bei ähnlichen Gelegenheiten in ihnen vorgeht.

Von ihrer Offenheit hat ein Projekt der Deutschen Forschungsgemeinschaft (DFG) profitiert, das ergründen sollte, was uns heute der Wald bedeutet. Wissenschaftler des Hamburger Instituts für Volkskunde führten die Befragungen durch und haben aus den Antworten – und aus dem Studium einer Reihe von Quellen – hergeleitet, dass wir Deutschen eine besondere Beziehung zum Wald haben.

O TANNENBAUM, O TANNENBAUM? Zweifellos trifft das auch auf Sie zu. Und es fällt Ihnen leicht, mal eben die Namen von fünf Baumarten zu nennen, die in unseren Wäldern wachsen.

Nicht? Nun, dann sagen Sie wenigstens, wie der preiswerteste heimische Baum heißt, den wir zu Weihnachten festlich schmücken und besingen.

Eine Tanne? Tja, schön wär's. Auch wenn wir am Heiligen Abend »O Tannenbaum!« intonieren: Die Kugeln und Lichter tragende Holzpflanze mit den stacheligen Nadeln ist keine Tanne. Zugegeben, es könnte eine sein. Und einst hätte die Antwort »Tanne« sogar gestimmt. Doch heutzutage ist sie leider falsch.

Richtig bleibt, auch wenn es schon gut 200 Jahre her ist, dass die im Lied gepriesenen »treuen Blätter« der Weißtanne die dichterische Ader eines gewissen Joachim August Zarnack zum Sprudeln brachten und den Baum populär machten.

Dabei war der Anlass für sein Gedicht nicht eben erfreulich. Wie oft in der Poesie ließ Liebeskummer die berühmten Zeilen aufs Papier fließen. Die Seine, klagte Zarnack, halte weniger treu an ihm fest als die immergrünen Nadeln an den Zweigen von *Abies alba.*

Eine gewisse dichterische Freiheit beim Vergleich zwischen Weibsnatur und Baumnatur steht dem unglücklichen Poeten zweifellos zu. Doch jeder Dendrologe hätte ihm sagen können, dass auch die Anhänglichkeit von Tannennadeln nicht ewig währt, sondern höchstens elf Jahre.

Wie dem auch sei: Ein Lehrer namens Ernst Anschütz erkannte, welche Möglichkeiten in den Versen des Bekümmerten steckten. Mit untrüglichem Gespür für das, was bei den Leuten ankommt, verwarf der Pädagoge allzu private Passagen des Originals – etwa: »O Mägdelein, o Mägdelein, wie falsch ist dein Gemüte!« – und übernahm nur Zarnacks erste, an die Weißtanne gerichtete Strophe. Ohne urheberrechtliche Skrupel reimte er flugs ein paar eigene Zeilen hinzu. Ähnlich pragmatisch verfuhr er bei der Melodie. Statt selbst zu komponieren, wählte Anschütz Bewährtes – nämlich eine damals beliebte Volksweise. Und schon hatte er im Handumdrehen einen unserer bekanntesten Evergreens geschaffen.

Seit jener Zeit haben Baum und Lied sich auseinandergelebt. Letzteres hat in den zurückliegenden zwei Jahrhunderten als Kulturgut Karriere gemacht. Live oder als Konserve schallt der Anschütz'sche Hit alle Jahre wieder aus vielen Millionen Kehlen. Der Baum aber, für den ein gutes Drittel aller deutschen Haushalte von Fest zu Fest etwas mehr hinblättert und der am 24. Dezember im Kerzenglanz leise knistert, würzig duftet und meist schon zwei Tage nach dem Heiligen Abend zu nadeln beginnt, ist, wie gesagt, so gut wie nie eine Weißtanne.

Weshalb nicht, ist schnell erklärt: In deutschen Wäldern herrscht Weißtannenschwund. Und auch das hat etwas mit den Nadeln zu tun. Die taugen nämlich nicht nur als poetische Metaphern, sondern weit mehr noch als profanes Wildfutter. Ihr hoher Gehalt an Kalk und Stickstoff macht sie zu leicht verdaulichem und nahrhaftem Fast Food. Was sich Rehe und Rothirsche schon zu Anschütz´ und Zarnacks Zeiten nicht entgehen ließen.

Doch damals war noch jeder dritte Baum im Wald eine Weißtanne. Heute, geschätzte 30 Schalenwildgenerationen später, haben die Populationen von Bambi & Co. derart zugelegt, dass der Tannenanteil an der bundesdeutschen Baumartenmischung über 1,5 Prozent kaum hinauskommt. Gewächse, deren ökologische Möglichkeiten erst bei 68 Metern Höhe, bei vier Metern Stammumfang und 500 Lebensjahren allmählich an ihre Grenzen gelangen, werden als Jungpflanzen derart unerbittlich von scharfen Wiederkäuerzähnen auf Golfrasenhöhe zurückgestutzt, dass sie schließlich aufgeben.

Ihren Platz besetzt mittlerweile ein anderer Nadelbaum: die Fichte. Mit schwer verdaulichen Stoffen wie Lignin, Harz und Kieselsäure zügelt sie den Appetit der Huftiere. Auf gut drei Millionen Hektar, einem Drittel unserer gesamten Waldfläche, wächst ausschließlich *Picea abies.* Sie ist Deutschlands häufigste und meist meistgenutzte Baumart.

UND DOCH ZUGLEICH DIE UNSICHTBARSTE. Denn so merkwürdig es sein mag: Für den Durchschnittsbürger existieren keine Fichten. Bäume mit Nadeln gelten, wie Umfragen bestätigen, unweigerlich als Tannen – ob sie im Freien stehen oder zu Weihnachten im Zimmer. Das im Lied überlieferte Wort für immergrüne Gehölze mit schmalen grünen Blättern ist in unseren Köpfen offenbar so fest verwurzelt, dass weder die Zahlen der Bundeswaldinventur noch der Augenschein etwas daran ändern können. Wenn es um den Wald geht, nehmen wir in erster Linie wahr, was uns vertraut, was in unserer Erinnerung gespeichert ist.

Sachwissen ist kaum dabei. Worte wie »Bäume«, »Pilze« und »Vögel« kommen in den Antworten der 126 volkskundlich Ausgeforschten zwar vor. Und irgendwie scheint ihnen bewusst, dass es davon jeweils verschiedene Arten gibt. Aber bei den Namen hapert es. Mehr als zwei fallen den Befragten selten ein. Und wenn es ans Unterscheiden geht, können sie Sommerlinden und Eschen so wenig auseinanderhalten wie Tannen und Fichten.

Vielleicht kann es ja gar nicht anders sein, da Durchschnittsbürger den Wald höchstens zweimal im Jahr betreten. Und das eher umsichtig. Aus Angst, sich zu verlaufen, bleiben sie auf Forststraßen und markierten Wegen. Die Jüngeren stürmen mit Mountainbikes über extra angelegte Parcours und joggen oder walken zum Takt ihrer MP3-Player. Die Älteren spazieren auf vielbegangenen Routen, pilgern von Bushaltestellen zu Waldschänken oder packen auf einer Bank neben dem Parkplatz ihre Brote aus. Stille und Einsamkeit, die viel gepriesenen Vorzüge des Biotops unter dem Kronendach, sind den meisten Menschen unheimlich. Seien wir ehrlich: Wenn von fern Verkehrslärm zu hören ist, fühlen wir uns wohler. Auch zu Begegnungen mit Waldtieren, die in der Dämmerung oder nachts unterwegs sind, kommt es nur versehentlich. Denn wir machen unsere Ausflüge unweigerlich während der hellsten Stunden des Tages.

Trotzdem wäre es voreilig anzunehmen, dass dem Otto Normalwaldbesucher das Zeug zum Liebhaber dieser Landschaft abgeht. Nur weil Querfeldeintouren durchs Unterholz auf der Beliebtheitsskala seiner Freizeitbeschäftigungen ganz unten stehen. Oder weil ihm beim Pflanzenbestimmen die Worte fehlen.

Statistisch kommen wir Bundesbürger in puncto Wald nämlich gut weg. Wir schätzen das mit Bäumen bewachsene Drittel unserer nationalen Landesfläche über alles – nur eben nicht wegen seiner dinglich-materiellen Eigenschaften. Was sich in Hektar, Festmetern, Hiebssätzen und Holzvorrat ausdrücken lässt, begeistert uns ebenso wenig wie das Aufsagen von Artennamen. Wir erleben den Wald emotional. Er ist Wohlfühlbezirk, Entspannungsraum, Erholungsstätte, Inbegriff der uns umfangenden Natur und Teil unserer nationalen Identität. Keiner anderen Topografie fühlen wir uns als Volk stärker zugehörig.

Doch Moment mal. Geht denn das überhaupt, etwas schätzen, preisen, verehren – ohne Nennenswertes darüber zu wissen?

Nichts leichter als das, versichern die Volkskundler. Gefühl ohne langes Überlegen scheint in dieser Herzenssache die Regel zu sein, wie die Interviewten in 126 persönlichen Bekenntnissen bezeugen. Ein überraschender Befund. Noch verblüffender aber ist der Ursprung solch tief empfundener, wenn auch ahnungsloser Bewunderung: Die Fachleute verorten sie nämlich als Erbe der deutschen Romantik.

DER WALD UND DIE DEUTSCHE ROMANTIK Unsere Waldschwärmerei ist kulturell gelernt, Ausdruck einer Gemütslage aus zweiter Hand. Das Original ist im 19. Jahrhundert aufgekommen, als mit Bäumen besiedelte Flächen von der schreibenden Elite als Schauplatz mündlich überlieferter Märchen und Sagen entdeckt (und als Urgrund kulturellen Soseins gedeutet) wurden.

Die zum ersten Mal von Jacob und Wilhelm Grimm aufgezeichneten und veröffentlichten Texte über Rotkäppchen, Frau Holle, Froschkönig, Rumpelstilzchen, Hans im Glück und so fort gelten in der Literatenszene jener Zeit nicht als Produkte reger Fantasie. Sondern sie werden für nacherzählte Begebenheiten gehalten, für schlichte Überlieferungen aus unserer von Gehölzen dominierten Frühgeschichte. Darauf stützten sich die romantischen Dichter des 19. Jahrhunderts, als sie den Ursprungsmythos in die Welt setzten, wonach die Deutschen, als Nachfahren der Germanen, das Waldvolk schlechthin sind. Ihre eigene Rolle sehen die Schriftsteller folgerichtig darin, an die vermeintliche Tradition anzuknüpfen und Kontakt zu den eigenen Wurzeln aufzunehmen. So erschließen sie den Wald als poetisches Neuland. Er wird zum beherrschenden Motiv ihrer Werke.
Doch geht es ihnen dabei nicht um in Dichtkunst übersetzte Naturbeobachtungen. Autoren wie Joseph von Eichendorff, Clemens Brentano, Matthias Claudius, Friedrich Hölderlin und Ludwig Tieck entwerfen in ihren Werken ein imaginiertes, baumbestandenes und von märchenhaften Gestalten belebtes Parallelbiotop, dessen Szenerien nicht etwa konkrete Landschaften spiegeln, sondern die Gefühle des Verfassers, sein »lyrisches Ich«. Im Herzen tief, / da rauscht der Wald.
Wind, der die Zweige bewegt, helle oder dunkle Lichtstimmungen, Bäche, die sich von Klippen in die Waldesnacht stürzen, das finstere Dickicht der Stämme, die in den Himmel greifenden gewaltigen Arme der Baumkronen und die Waldeinsamkeit sind ein Fundus neuer Metaphern, neuer Möglichkeiten, sich als waldaffin auszuweisen. Sie beschreiben emotionale Innenwelten: Lass ausruhn mich von Lust und Not, / bis dass das ew´ge Morgenrot / den stillen Wald durchfunkelt.
Einen idealen Wald preisen solche Verse. Er ist ein Ort der Sehnsucht und des Rückzugs. Dorthin flieht die romantische Seele vor dem Ungenügen des Alltags – O Täler weit, O Höhen, / O schöner, grüner Wald, / du meiner Lust und Wehen / Andächtger Aufenthalt! / Da draußen, stets betrogen, / Saust die geschäft'ge Welt, / Schlag noch einmal die Bogen / Um mich, du grünes Zelt.
Wenige Zeilen unseres nationalen Bildungskanons dürften berühmter sein und häufiger zitiert werden als die eingängigen Gedichte der Romantiker. Generationen von Deutschen haben sie gelesen, als Lieder gehört, auswendig gelernt, die darin konservierten Gefühle nachempfunden und sich zu eigen gemacht. Bis heute, bis ins 21. Jahrhundert, so das Fazit der Volkskundler, prägen 200 Jahre alte Emotionen unsere Beziehung zum Wald. Selbst die Neigung, es dabei nicht so genau wissen zu wollen, geht auf diesen poetischen Einfluss zurück.
Denn konkretes Interesse für die uns Menschen an Jahren und Wuchs weit übertreffenden Bodendecker oder für die Fülle der pflanzlichen und tierischen Lebensgemeinschaften unter dem grünen Dach, kurz: Interesse für das, was sich außerhalb subjektiver Waldwahrnehmung abspielt, blenden die Romantiker aus. Das ist nicht ihr Thema.
Wundersam rauschen in ihren Texten die Wipfel, singen die Vögelein, springen Reh- und Hirschlein. Aber ob der

Wind durch die Kronen von Nadel- oder Laubbäumen fährt, oder welche gefiederte Art (außer der Nachtigall) ihr Lied schmettert, bleibt unbestimmt. Konkrete Namen fehlen fast ganz. Weder Kleiber noch Mönchsgrasmücke, Haubenmeise, Sommergoldhähnchen, Zaunkönig, Baumpieper, Waldlaubsänger, Trauerschnäpper, Waldschnepfe oder Graureiher haben einen Eichendorff oder Brentano zu Reimen inspiriert. Und Kopfhornschröter, Lilienhähnchen, Erdschnake, Langhornmotte, Kammmolch, Siebenschläfer, Hasel- oder Gelbhalsmaus erst recht nicht. Auf derart kleinteiliges Inventar werden keine Verse gereimt.

Doch auch Waldvernichtung von gewaltigem Ausmaß, dessen Zeitzeugen die Poeten sind, dringt nicht zu ihnen durch. Während ihre Einbildungskraft malerische Bilder erschafft, reißt die europaweite Nachfrage nach dem Rohstoff Holz verheerende Löcher in die grüne Decke. Anfang des 19. Jahrhunderts erreicht die systematische Entwaldung deutscher Landstriche eine kritische Dimension. Kahlschläge klaffen, wo etliche Millionen Tonnen Stämme abgeräumt werden, um als Grubenholz für den Bergbau und als Schiffsbauholz für die Kriegs- und Handelsmarine zu dienen.

An jungen Trieben und keimenden Saaten, den künftigen Baumgenerationen, fressen sich Hirsche, Rehe und Vieh satt. Fürsten nutzen die Wälder als Wildpark und Austragungsort aufwendiger Hofjagden. Bauern weiden darin ihre Schweine, Rinder, Schafe und Ziegen. Sogar das am Boden liegende Laub und der Nadelhumus werden zusammengekehrt und landen statt im Stoffkreislauf der Gehölze zunächst fuderweise als Streu in den Haustierställen, später als Mist auf den Feldern. Ausgeweidet und ausgehungert, verliert der Wald die Kraft, sich zu regenerieren.

UNROMANTISCH: VOM MYTHOS WALD ZUM NORMWALD Rettung in letzter Minute bringt die Erschließung anderer Rohstoffquellen. Eisen wird das neue Baumaterial, Kohle der neue Energielieferant. Der wirtschaftliche Druck auf den Wald lässt nach. Dennoch bleibt Holz unverzichtbar. Aufforsten heißt das Gebot der Stunde.

Die Wunden des Raubbaus werden mit forstmathematisch geplanten Plantagen aus reinen Fichten oder Kiefern geflickt. Dabei entstehen keine Landschaften, sondern standardisierte Baumäcker. Auf ihnen lässt sich, der sogenannten Bodenreinertragslehre zufolge, einer um 1820 aufkommenden Forsttheorie, der jährlich zu erwartende Zuwachs genau berechnen. Die für die Pflanzungen gewählten anspruchslosen Nadelgehölze kommen auf den ausgemergelten Böden zurecht und erbringen, so das Kalkül, in kürzester Zeit die höchsten Erträge pro Fläche. Da zudem alle Setzlinge gleich alt sind und dicht gedrängt im Verband zu gleicher Höhe heranwachsen, können sie alle gleichzeitig geerntet werden – wie Getreide von den Feldern.

Aus solchen Normwäldern kommen im späten 19. Jahrhundert jedes Jahr Millionen von Festmetern Eisenbahnschwellen, Telegrafenmasten und Zellulose für die Papierindustrie. Aber von dort kommen auch Schreckensmeldungen über Feuersbrünste, Schneebruch, Sturmwürfe, Pilzbefall und Insektenkalamitäten – Schäden, die sich nur in labilen Kunstforsten zu Katastrophen auswachsen. Mit den Nadelholz-Monokulturen ist damals ein auf kurzfristigen Gewinn und auf die Rationalisierung von Ernteprozessen angelegtes Konzept in den Wald gekommen – und bis heute nicht daraus verschwunden. Im Gegenteil: Nach der Devise: »immer schneller, immer mehr« fällen mittlerweile voll automatisierte Harvester beispielsweise eine hiebsreife Fichte in zehn Sekunden und zerschreddern binnen 60 Sekunden, was in 60 Jahren gewachsen ist, zu Hackschnitzeln für die thermische Verwertung.

Dennoch kann das heutige Tempo des technischen Fortschritts die apokalyptischen Begleiter aufgeforsteter Containerkulturen nicht abhängen. Natürlich gewachsene Wälder sind stabil. In ihnen gedeihen nur solche Jungbäume, deren Samen am »richtigen« Platz gelandet sind, wo eine Vielfalt anderer ober- und unterirdischer Organismen durch wechselseitiges Geben und Nehmen eben jene Bedingungen geschaffen haben, die ein Baum zum Leben braucht.

In Baumschulen gezogene und gehätschelte Setzlinge dagegen, die nach dem Diktat des Reißbretts auf eine Fläche gepflanzt werden, sind labil. Menschen entscheiden über deren Standorte – und zwar nicht nach ökologischen, sondern nach ökonomischen Gesichtspunkten. Daher müssen eng gesetzte Fichten und Kiefern ständig mit ihresgleichen um identische Ressourcen konkurrieren, den Nachbarn mit denselben Bedürfnissen das Notwendigste abringen: Wasser, Nährstoffe und Licht. So schwächen die Nadelhölzer sich gegenseitig und unterliegen, wenn es hart auf hart kommt, massenweise dem Ansturm von Naturereignissen.

Beispielsweise dem Befall mit *Yps typographus,* dem Borkenkäfer. Angelockt von pflanzlichen Duftstoffen, mit denen Bäume ihre Hinfälligkeit annoncieren, fallen die Insektenvölker zu Zigtausenden in einen Forst ein und legen im lebendigen Holz gestresster Fichten ihre Brutkammern an. Dabei zerraspeln sie die Saftleitungen in Stämmen und Ästen. Der Nährstoffnachschub versiegt, und die befallenen Bäume verdorren zu aufrecht sterbenden Geisterwäldern.

Andere Verheerungen sind unter den Namen Wiebke, Vivian, Lothar und Kyrill in die Geschichte der Forstkatastrophen eingegangen. Es sind Orkane, die mit Tempo 200 und mehr breite Scheitel der Zerstörung durch den grünen Schopf der Landschaft gezogen haben. Dabei sind in ein paar Stunden mehr Fichten und Kiefern zu Bruch gegangen, als regulär pro Jahr in Deutschland geschlagen werden.

Ob die romantischen Poeten vor zwei Jahrhunderten solche Fehlentwicklungen abwenden oder wenigstens in ihren Texten hätten anprangern können, ist heute allenfalls eine akademische Frage. Sie waren städtische Intellektuelle und kannten die Landschaft, die sie inspirierte, bestenfalls aus der Erinnerung oder aus der Imagination. Der Wald ihrer Vorstellung war ein magischer Ort. Er reichte unabsehbar weit zurück, bis ins Dunkel der Vergangenheit, und ebenso weit voraus in die Zukunft. Er schien ewig und damit unzerstörbar, ein deutscher Mythos.

Die utilitaristische Perspektive der Nutzer, die möglichst viel aus den Gehölzen herausholen wollten und sie dadurch letztlich fast ruiniert hatten, lag den Dichtern fern. Ob sie deren Treiben überhaupt zur Kenntnis nahmen, ist unsicher. Moderne Deutungen des Walds als Ökosystem, als Lebens- und Arbeitsgemeinschaft zum wechselseitigen Gedeihen aller daran beteiligten Tiere und Pflanzen, standen damals noch aus. Erst recht wussten die Romantiker nichts von den Milliarden am Wald mitwirkenden Existenzen, deren Betriebsamkeit den Stoffumsatz in Schwung hält und auf diese Weise letztlich auch unser menschliches Wohlergehen sichert.

WAS SIEBEN MILLIARDEN BÄUME LEISTEN Weniger akademisch ist die Frage, ob wir heute so viel besser dastehen. Wir, die Begünstigten einer Informationsgesellschaft, die durch Forschungsergebnisse, Feld- und Laborstudien, durch kontinuierlich gewonnene Messdaten und durch die Veröffentlichungen unterschiedlicher Fachdisziplinen bestens im Bilde sind – oder doch sein könnten – über die Lage des Waldes.

Und: Ob wir heute besser verstehen, was wir tun und was wir lassen sollten?

Vor allem: Ob wir es schaffen, eine Ressource, die mit Geld nicht zu bezahlen ist, sowohl zu nutzen als auch pfleglich zu behandeln?

Erinnern wir uns: Der Wert des Waldes bemisst sich nicht allein nach der Menge und Qualität des Holzes, das er produziert. So beeindruckend beides ist. Weit wichtiger für 82 Millionen Bundesbürger sind jene Serviceleistungen des lebendigen Großsystems, die wir für so selbstverständlich halten wie die Luft zum Atmen, wie das Wasser zum Trinken, wie die Verlässlichkeit unserer Umweltbedingungen und die Solidität unseres Lebensstandards.

Wahr bleibt, auch wenn wir uns selten darüber Rechenschaft ablegen: Ohne die dichte Barriere von Gehölzen würden Winde im norddeutschen Flachland ungebremst über die Äcker herfallen und die fruchtbaren oberen Bodenschichten wegfegen.

Ohne Hangwälder im Gebirge würden niedergehende Lawinen und Muren die Vegetationsdecke samt dem darunterliegenden Humus bis aufs nackte Gestein weghobeln und viele Täler unbewohnbar machen.

Ohne die weitgespannten Filter belaubter Baumkronen würde ein Vielfaches an Industrie-Emissionen wie Schwermetalle, Rauch, Staub, Gase, Gifte unsere Atemluft belasten und auf unseren Äckern die angebauten Nahrungsmittel kontaminieren. Sieben Milliarden bundesrepublikanische Bäume kämmen den Dreck aus der Luft und versorgen uns großzügig mit lebensnotwendigem Sauerstoff – sechs Tonnen pro erwachsener Buche, Eiche, Linde etc.

Ohne die Speicherleistung der großen Holzpflanzen würde unser Klima sich unter dem Einfluss des atmosphärischen Treibhausgases rapide aufheizen. Über sechs Tonnen CO_2 speichert ein 100-jähriger Baum pro Jahr als Kohlenstoff in Stämmen, Ästen und Erdreich.

Ohne die Haltekraft unterirdischer Baumorgane würden Bodenschichten samt Gestein von den Regen- und Schmelzwässern mitgerissen werden, unsere Bäche und Flüsse anschwellen lassen und das Land überfluten.

Ohne die Schwammwirkung des Waldbodens und ohne das Rückhaltevolumen von bis zu 20 Kilometer langen Baumwurzeln würden viele Bäche, Seen und Flüsse nach hohen Niederschlägen für Überschwemmungen sorgen, in Hitzeperioden jedoch austrocknen. Doch Wälder speichern das Wasser nicht nur. Sie klären auch die trüben Brühen, die in ihren Humusschichten versickern, und wandeln sie in sauberes Trinkwasser um.

Das alles und mehr erhalten wir gratis. Vorausgesetzt, der Produzent ist intakt. Vorausgesetzt, das fein geknüpfte Miteinander, Voneinander, Gegeneinander, Durcheinander von Tier- und Pflanzenvölkern verkraftet, was wir Menschen ihnen aufbürden. Nur dann bleiben die Stoffkreisläufe aktiv und bieten einer Fülle von Lebensformen Unterschlupf und Unterhalt. Und nur dann ist der auf Artenvielfalt gegründete Wald stabil und zugleich flexibel genug, um chemische Immissionen zu verkraften, um Krankheiten zu überstehen, um Wetterextreme wegzustecken und sogar noch auf Veränderungen des Klimas mit geschmeidiger Anpassung zu antworten. Wie Wälder es seit Jahrmillionen gemacht haben. Denn darin sind sie geübt.

Im großen Ganzen sind diese Zusammenhänge heute längst erkannt, wenn auch nicht in allen Einzelheiten durchschaut. Unbestritten aber ist: Unser Lebens- und Wirtschaftsstil setzt den Wäldern derart zu, dass auf Deutschlands elf Millionen Hektar kaum zwei Prozent als natürlich gelten, als ein sich selbst bestimmendes und nach biologischen Gesetzen entfaltendes Ökosystem. 98 Prozent unserer Gehölze stehen unter dem Diktat forstlicher Eingriffe und werden primär als Betriebsstätten geführt. Auf diesen Flächen konkurriert die Holzfabrik mit dem Refugium heimischer Arten, konkurrieren 1,2 Millionen Arbeitsplätze und ein Jahresumsatz von 160 Milliarden Euro mit den Wohlfahrtsleistungen dieser Landschaft für uns alle. Kurz: Hier konkurriert der individuelle Profit mit dem gemeinnützigen.

Unerwähnt bleibt bei solchen Gegenüberstellungen gewöhnlich, was der Wald zur Volkswirtschaft beisteuert. Dabei kann es nicht schaden, kurz zu überschlagen, welche finanziellen Belastungen auf die Gesellschaft zukämen, würde diese natürliche Existenzgrundlage einzig zum Holzproduzenten abgewertet.

Bis auf zwei Stellen hinter dem Komma hat Frederic Vester, Biochemiker und Vordenker der deutschen Öko-Bewegung, schon Mitte der 1980er-Jahre die Jahresleistungen einer einzelnen 100-jährigen, 25 Meter hohen Buche errechnet, aufgelistet und monetär etwa so ausgedrückt:

› Luftreinigung und Kohlenstoffbindung machen 75,15 Euro;
› Erzeugung von Humuskonzentrat macht 210,00 Euro;
› Sauerstoffproduktion macht 3,29 Euro;
› Wind-, Wasser-, Lawinenschutz ersparen Kosten von 103,80 Euro;
› Anteil an der Erhaltung der Vogelpopulation macht 5,11 Euro.

Und so weiter. Der Baumservice summiert sich auf 20 Einzelpositionen. Könnte die Buche uns am Jahresende eine Abschlussrechnung präsentieren, wären wir ihr 2594,72 Euro schuldig. Unser offizieller Waldbestand von sieben Milliarden Bäumen (die Bundeswaldinventur zählt nur solche Exemplare, deren Stamm in 1,30 Metern über dem Boden einen Durchmesser von sieben Zentimetern aufweist) erwirtschaftet nach der Vesterschen Kalkulation – über den Daumen gepeilt und großzügig um 75 Prozent gekürzt, weil nicht alle Bäume Buchen und nur wenige 100 Jahre alt sind – ein Naturkapital von 4,5 Billionen Euro per annum. Das ist fast das Doppelte des deutschen Bruttoinlandsprodukts. Ein unbezahlbarer Betrag. Aber flößt er uns Respekt ein vor dem, was auf dem Spiel steht?

DIAGNOSE »WALDSTERBEN« Eine Weile schien es so. Damals, als Vester den Wohltaten der Bäume einen Wert gab, ging in Deutschland die Furcht vor dem Untergang unserer Lieblingslandschaft um. Alarmierende Bilder und Berichte fachten sie an. Erfahrene Experten und ahnungslose Normalbürger waren gleichermaßen erschüttert. Waldsterben lautete die Diagnose des Leidens, das zuversichtliches Grün vergilben und ergrauen, die Kronen der Bäume vorzeitig schütter werden ließ. Allein das Wort ging den Menschen unter die Haut. Der Anblick des Siechtums nötigte die Politik zu Entscheidungen.

Basierend auf einem Netz aus Stichproben wurden die von Forstfachleuten schon länger beobachteten Schäden nun systematisch erhoben. Blatt- und Nadelverluste an allen Baumarten dienten dabei als deutschlandweite Messeinheiten für den ersten Waldzustandsbericht in der Geschichte der Bundesrepublik.

1983 lagen die Ergebnisse vor: Ein Drittel des gesamten Waldes war angegriffen von Giften wie Schwefeldioxid, Stickstoffoxiden und Schwermetallen. Gasförmig oder als Staub drangen sie durch die Spaltöffnungen der Blätter oder gerieten mit Tau, Nebel und Regen in den vegetativen Kreislauf.

Nach den Verursachern musste man nicht lange suchen. Die auf die Bäume niedergehende Schmutzlast stammte überwiegend aus heimischen Industrieanlagen und vom Kraftfahrzeugverkehr.

Obwohl der Schadstoffausstoß in den 1980er- und 1990er-Jahren technisch zurückgefahren wurde, ist die Gefährdung heute keineswegs geringer. Wohl aber die mediale Aufmerksamkeit.

DER WALD HEUTE: ALLES IN BUTTER? Dabei hätte der aktuelle Waldzustandsbericht diese Aufmerksamkeit mehr als verdient. Er verzeichnet katastrophale 62 Prozent sogenannter neuartiger Waldschäden. Wobei man wissen muss: »Neu« ist an den Schäden nur die Bezeichnung. Die Symptome sind dieselben wie früher, als das Leiden noch Waldsterben hieß. Und auch die Übeltäter sind die alten – wenn auch erheblich vermehrt um Stickoxid-Emissionen aus der Biomasseverbrennung, um Ammoniak aus der Massentierhaltung (eine 264-prozentige Steigerung der deutschen Fleischerzeugung in den zurückliegenden zehn Jahren hat die Gülleproduktion entsprechend hochgetrieben) und um verdriftete Düngemittel von landwirtschaftlichen Betrieben. Mittlerweile gehen unsere Zivilisationsausscheidungen so anhaltend auf die Wälder nieder, dass deren Böden nicht mehr alles schlucken. Sie quellen über. Die Schadstoffe im Erdreich wandeln sich zu Lachgas um und steigen in die Atmosphäre empor – wo ein Kilo dieses Klimakillers etwa 300-mal mehr Unheil anrichtet als die gleiche Menge des verrufenen Kohlendioxids.

Nicht minder stark setzt die Giftlast den ungezählten Lebensformen in unseren Wäldern zu. Der Artenreichtum ist ernsthaft bedroht, warnten im April 2011 über 200 nationale und internationale Experten des ersten Europäischen Stickstoffberichts (ENA).

Doch so dramatisch die Lage ist, so unbezweifelbar die Fakten, so geachtet die Expertise der Autoritäten: Sie verfehlen ihre Wirkung. Niemand geht für den Wald auf die Straße. Als würden die Berichte uns nicht betreffen. Als wäre die Landschaft, mit der uns jene besondere Beziehung verbindet, so heil, idyllisch, ewig vital und grün wie das Bild, das wir uns von ihr machen.

Natürlich wiederholt sich die Geschichte nicht. Dennoch fallen Parallelen auf: nämlich dass wir beim Niedergang unter dem nationalen Kronendach heute ebenso wegsehen wie damals die romantischen Dichter. Für sie hatte der Wald sein Hauptverbreitungsgebiet in der Fantasie, nicht in der Wirklichkeit. Und wir haben diese Haltung von ihnen, den Begründern unseres Waldgefühls, übernommen.

Sie haben uns die Worte in den Mund gelegt, mit denen wir beschreiben, was diese Landschaft in uns anrührt. Von ihnen stammen die gefällig gereimten Kulissen, mit denen wir unsere nostalgischen Illusionen ausstaffieren. Sogar beim Waldspaziergang sehen wir mehr mit der Einbildungskraft als mit den Augen, durchwandern wir mentale Projektionen. Wir erkennen Tannen, wo Fichtenplantagen den Forstweg säumen, bewundern das dichte Laubdach, wo Schwindsucht die Kronen durchlöchert. Uns irritiert nicht das Einerlei der Monokulturen, nicht die Artenarmut der maschinenlesbaren Holzäcker. Das Waldmarketing der Romantik hat uns entrückt ins Never-Neverland, wo Wünsche wahr werden.

Allen voran die nach Gesundheit, Erholung, Erneuerung, Entspannung. Eine Landschaft, von der wir so viel Heil erhoffen, kann unmöglich ihrerseits hinfällig sein. Wir erwarten, dass sie uns verzaubert, uns wohltut, uns aufrichtet. Unter ihrem Einfluss verlieren Alltagsstress und Leistungsdruck ihre Macht über uns. Doch kann sich diese wundersame Wirkung nur entfalten, solange wir uns um den Wald nicht sorgen müssen. Solange wir ihn so wahrnehmen, wie wir ihn gerne hätten. Nein: Dass diese Landschaft ernsthaft dahinsiechen, gar gefährdet sein könnte, ist uns Bundesbürgern unvorstellbar.

DEUTSCHE WALDPOLITIK – NICHTS ALS VERSPRECHUNGEN

Unseren gewählten Vertretern offenbar auch. Das zeigt sich allein schon daran, wie gemächlich sie den Schutz des elf Millionen Hektar umfassenden Artenrefugiums angehen, für dessen Wohl sie die politische Verantwortung tragen. Als käme es auf ein paar Jahrzehnte früher oder später nicht an.

Zwar ist Deutschland im Jahr 1992 beim Erdgipfel in Rio vertreten, als die Zeitrechnung internationaler Naturschutzbemühungen beginnt. 190 Staaten kommen zusammen, um in einem gemeinsamen Kraftakt den globalen Schwund natürlicher Ressourcen zu stoppen. Auch die Bundesregierung verpflichtet sich zum rücksichtsvollen Umgang mit ihrem natürlichen Erbe.

Doch was folgt daraus? 15 Jahre lang so gut wie nichts. Erst im November 2007 macht Deutschland Anstalten, seine Rio-Zusage einzulösen. Zur Erhaltung der Biodiversität im eigenen Land beschließt die Bundesregierung eine »nationale Strategie zur biologischen Vielfalt«.

Für den Wald sieht dieses Programm vor, dass künftig fünf Prozent seiner Fläche frei bleiben von jeder Form der Nutzung. Dort dürfen sich Bäume und Sträucher natürlich entwickeln und so den dramatischen Rückgang ökologisch wertvoller alter Bestände ausgleichen. In den übrigen Gebieten setzt man auf naturnahe Forstwirtschaft, auf die Förderung stabiler Mischwälder mit heimischen Baumarten.

Daraus könnte man schließen, dass die Planer begriffen haben, was auf dem Spiel steht. Zumal sie versichern, dass unter den Nationen keine andere Strategie an die deutsche heranreiche. Doch in der offiziellen Broschüre, in der das Programm vorgestellt wird, sucht man vergeblich nach der Ankündigung konkreter Maßnahmen. Dort sind lediglich »Ziele« aufgelistet oder, noch unverbindlicher: »Visionen«. Die Wortwahl geschieht nicht von ungefähr. Wie eine gefällige Verpackung umhüllt sie die Tatsache, dass so bald keine Umsetzung ansteht. Länger als ein weiteres Jahrzehnt, bis 2020, soll es dauern, bis Deutschland seine Zusagen einlöst. Visionen realisiert man nicht über Nacht.

Wenn überhaupt. Denn halbherzig ist nicht nur das bei der Waldrettung vorgelegte Tempo. Noch mehr scheuen sich unsere politischen Repräsentanten davor, die formulierten Ziele auch durchzusetzen. Als würden sie die Berichte über alarmierende Baumschäden nicht kennen, die doch jährlich im ministeriellen Auftrag durch forstliches Monitoring festgestellt werden. Oder als wollten sie die Not des realen Waldes so wenig wahrhaben wie der deutsche Durchschnittsbürger.

In den ministeriellen Erläuterungen zur nationalen Strategie heißt es jedenfalls klipp und klar, dass der Kabinettsbeschluss, Rio hin oder her, »nicht vom Staat verordnet werden« könne. Demnach wäre nicht die Regierung für das Rettungswerk zuständig, sondern – so steht es im Programm – »die Akteure in Wirtschaft und Gesellschaft«. Sie sind aufgerufen, »das Thema zu ihrer eigenen Sache zu machen«.

Was prompt geschieht. Kaum ist die Strategie veröffentlicht, melden sich jene Akteure zu Wort, die beim Anblick hoher dicker Stämme vielleicht ebenso ins Schwärmen geraten wie unsereins, aber eher beim Hochrechnen der zu erwartenden Zuwächse pro Hektar und Jahr. Der Stoff ihrer Träume – und warum sollten sie von ihren Gewinnen nicht träumen? – ist das Holz. Für sie ist der Wald kein Wohlfühlbezirk, keine Befindlichkeitsoase, sondern ein Wirtschaftsraum. Hier wächst der Rohstoff, auf den ihre Betriebe, ihre beruflichen Perspektiven, ihre Existenzen gegründet sind. Und Letztere, protestieren die Akteure der Dendrobranche, seien durch die deutsche Biodiversitätsstrategie bedroht.

Waldbesitzer – Herren über 47 Prozent der baumbestandenen Flächen in Deutschland – rechnen vor, dass fünf Prozent Wildnis eine nicht zu verkraftende Einbuße von 550 000 Hektar Holzertragsfläche bedeuten. Die »Selbstüberlassung von Waldflächen«, sagen sie vorher, würde ab 2020 zu einem »Holzfehlbedarf« von 30 Millionen Kubikmetern pro Jahr führen und damit zu spürbaren Einkommens- und Arbeitsplatzverlusten.

Der Bundesverband der Säge- und Holzindustrie Deutschlands nennt es »unverantwortlich«, weiter Waldflächen aus der Nutzung zu nehmen, und warnt vor einer drohenden »Holznot«.

Der Vorstandssprecher der Arbeitsgemeinschaft Rohholzverbraucher e.V. kritisiert den Nutzungsverzicht auf fünf Prozent Waldfläche als »überholt« angesichts einer bereits bestehenden »Versorgungslücke«.

Sogar die Aussicht auf die Zunahme heimischer Baumarten stößt auf Ablehnung. Sägewerksbetreiber befürchten Einbußen, weil ihre Maschinen für Nadelholz, vor allem für Fichten, ausgelegt sind.

Dass die Akteure des Holzgeschäfts ihre Profiterwartungen widerstandslos zusammenstreichen würden, dürfte wohl niemand geglaubt haben. Verteidigen sie doch alte Ansprüche, die ihnen in Deutschland bisher nie ernsthaft streitig gemacht worden sind.

Aber was, wenn Mitglieder des Bundeskabinetts auf einmal vorschlagen, den Wald härter ranzunehmen? Was, wenn dieselben Staatsrepräsentanten, die im Jahr 2007 die Biodiversitätsstrategie beschlossen haben, sich 2009 stark machen für neue, energiepolitische Prioritäten? Was, wenn sie beispielsweise für zusätzliche 30 Millionen Festmeter Holzeinschlag pro Jahr plädieren, also für eine Steigerung um 30 Prozent?

Diese Empfehlung aus dem Bundesministerium für Umwelt und Reaktorsicherheit, der sich das Bundesministerium für Ernährung, Landwirtschaft und Verbraucherschutz anschließt, würde Deutschlands Abhängigkeit von fossilen Brennstoffen verringern. Damit könnten wir den Anteil erneuerbarer Energien am Gesamtverbrauch des Landes auf über 18 Prozent steigern – Werte, wie sie keine andere EU-Nation vorzuweisen hat. Um dieses Zieles willen, darin sind sich die beiden Häuser einig, »dürfen wir unserer Forstwirtschaft keine Fesseln anlegen«.

Für die Harvester der entfesselten Forstwirtschaft hat eine Waldinventur bereits die Altbestände von Bayern, Baden-Württemberg und Hessen ins Visier genommen. Zerhäckselt und verfeuert sollen diese stattlichen, hochbetagten Wälder, das Keimbett der im Strategiebeschluss gewünschten natürlichen Entwicklung, Deutschlands Einstieg ins regenerative Zeitalter markieren.

Und weil es mittlerweile maschinentechnisch machbar ist, wird das, was beim Einschlag früher im Wald zurückgelassen wurde, zusätzlich für die unersättliche Biomassewirtschaft eingefordert. Sogar Bäume mit Höhlen, abgestorbene, aber aufrecht stehende Exemplare und Kronenreisig bis zum letzten Zweiglein.

Für Tausende von Waldspezies sind derartige Räumaktionen katastrophal. Sie vernichten Lebensräume, Wohnungen, Nahrung, Brutplätze. Sie unterbrechen Stoffkreisläufe. Sie hungern den Boden aus und rauben den Pflanzen ihre Regenerationskraft. Kommt es, wie ebenfalls vorgesehen, auch noch zur Rodung von Wurzelstöcken, bleibt anstelle des Ökosystems Wald ein umgepflügter Acker zurück. Aus ihm entweichen gewaltige Mengen der im Erdreich gebundenen Treibhausgase und ruinieren letztlich, was so ehrgeizig hochgerechnet worden ist: die deutsche Klimabilanz.

Was wäre, wenn unsere politischen Repräsentanten tatsächlich für möglich halten, dass sich Strategien zum Schutz von Wald und Artenreichtum mit einem Aktionsplan vereinbaren lassen, der reife Baumbestände als Brennstoff zur Energiegewinnung vorsieht?

Was wäre, wenn wir, die zum Handeln aufgerufenen gesellschaftlichen Akteure, weiterhin nur den gefühlten Wald zu unserer Sache machen, den realen aber denjenigen überlassen, die so viel wie möglich aus ihm herausholen wollen?

Und was – wenn das lebendige Ökosystem in Gefahr gerät, durch schnellwüchsige Plantagen ersetzt zu werden – muss geschehen, damit wir uns endlich verabschieden von 200 Jahre alten Waldfantasien?

Was, damit wir aufwachen und erkennen, dass unentbehrliches Kapital vergeudet werden soll, statt dass auf ihm das Wohl und der Wohlstand unserer Gesellschaft gegründet wird?

Und was, endlich, muss geschehen, damit wir merken, was wir zu verlieren drohen?

EINE NEUE PERSPEKTIVE Aufregendes, wie Sie beim Durchblättern dieses Buches feststellen werden, vielleicht auch Erschütterndes, Rührendes, Ergreifendes. Wenn Sie beispielsweise – vielleicht zum ersten Mal – erkennen, worin Fichten und Tannen sich unterscheiden; wenn Sie begreifen, dass natürliche Wälder auf jedem Standort unterschiedlich aussehen, dass sich im Tiefland andere Baumgesellschaften versammeln als an den Hängen des Mittelgebirges oder in dessen Tälern – und dass es historische oder genetische oder klimatische Gründe für ihr Verhalten gibt.

Und wenn Ihnen plötzlich klar wird: Waldszenerien sind nicht statisch wie die Kulissen, die unsere Imagination uns vorgaukelt. Die Natur ist dynamisch, wechselvoll, spannend, unendlich vielgestaltig. Bäume, Gebüsche, Blütenpflanzen, Pilze, die zersetzenden Gesellschaften im Boden, das gesamte Inventar unter dem Laubdach sind wie einzelne Kapitel dramatischer Geschichten, die demjenigen, der sie zu lesen versteht, tiefe Geheimnisse verraten. Beispielsweise welche Bodenlagen sich im Untergrund verbergen und aus welchen Nährsubstraten die mächtigen Holzpflanzen und ihre zarten vegetativen Begleiter ihre Kraft saugen.

Wie zauberisch die Poesie der Romantiker uns auch umschmeichelt: Sie lockt uns fort von der Wirklichkeit, an die sie doch nimmermehr heranreicht. Schauen Sie sich an, welcher Reichtum verschwinden könnte, ohne dass wir es bemerken, wenn wir uns mit Illusionen begnügen. Durchwandern Sie von Foto zu Foto die Fülle der lebendigen Details. Lassen Sie sich Lust machen auf den wirklichen Wald. Sie werden niemals zu Ende schauen. Keine Szenerie wird der anderen gleichen, jeder im Bild festgehaltene Blick des Fotografen Thomas Stephan bietet ihnen eine neue Perspektive, macht Sie, wie auf einer Expedition zu entlegenen Naturräumen, mit den exotischen Einheimischen bekannt.

Dieses Buch ist wie ein Reiseführer, der Deutschlands Wälder von Norden nach Süden, von den Küsten zu den Gebirgen, durchquert. Dabei geht er den Weg zurück, den die Bäume gewandert sind, als sie das Land nach der Eiszeit wieder in Besitz genommen und Siedlungsmöglichkeiten erkundet haben. Thomas Stephan, der seit mehr als 25 Jahren auf den Spuren urwüchsiger Wälder in Deutschland unterwegs ist, wird Ihnen die Hotspots zeigen, die sonnenverwöhnten Hänge, wilden Klippen, lieblichen Waldinnenräume, die rührenden Kinderstuben, die dramatischen Baumdenkmäler und malerischen Stillleben des Verrottens, wenn Äste und Stämme, umkleidet von Moosen, Pilzen und Blütenteppichen, zurückschmelzen in den Waldboden.

Mit Thomas Stephan werden Sie die Quellen der Artenvielfalt besuchen und ein für allemal begreifen, wie unersetzlich die Pracht unserer Wälder ist – jedenfalls nicht zu ersetzen durch beliebig gepflanzte Dendromasseeinheiten.

Und ganz unvermeidlich werden Sie von dieser wie von jeder Reise in ein unbekanntes Land einen Schatz neuer Vokabeln mitbringen – Wörter, die plötzlich bedeutsam sind, weil sie konkrete Erinnerungen festhalten. Wörter wie Hainsimsen-Buchenwälder, Waldgersten- und Waldmeisterbuchenwälder oder Eichen-Hainbuchenwälder werden Ihnen künftig so locker über die Lippen kommen wie die Namen der charakteristischen Begleitflora: wie Scharbockskraut, Buschwindröschen, Hohe Schlüsselblume, Veilchen, Erdbeerfingerkraut, Sternmiere, Goldnessel, Waldlabkraut, Maiglöckchen. Es sind Bezeichnungen aus dem botanischen Wörterbuch, mit denen Sie künftig präzise beschreiben können, wo Sie waren und was Sie sahen, als Sie das letzte Mal einen Ausflug in den Wald unternommen haben.

ERLENBLÄTTER

DIE PIONIERE DES TIEFLANDS
WÄLDER VON 0 BIS 200 HÖHENMETER

DIES IST DIE ZONE DER KÄMPFE. WER PFLANZEN FÜR PASSIVE ORGANISMEN HÄLT, MUSS UMDENKEN. BÄUME WANDERN. SIE RINGEN MIT DEN ELEMENTEN, IN DENEN SIE FUSS ZU FASSEN VERSUCHEN. NICHT JEDER SÄMLING HAT DAS ZEUG DAZU, DAS ZERFURCHTE LAND ZU BESIEDELN, DAS DIE GLETSCHER DER EISZEIT ALS LETZTES GERÄUMT HABEN. EROBERERARTEN BEHAUPTEN SICH AUF ABWEISENDEM TERRAIN, AUF GERÖLL, IN SÄNDEN, AM RAND VON GEWÄSSERN UND BILDEN UNSERE JÜNGSTEN WÄLDER.

DIE BILDER AUF DEN FOLGENDEN SEITEN ZEIGEN, WIE DYNAMISCH DAS LAND IST, VON DEM BÄUME MIT IHREN WURZELN BESITZ ERGREIFEN. DIE RIESENGEWÄCHSE VERSUCHEN, SESSHAFT ZU WERDEN, STABILITÄT HERZUSTELLEN UND WÄLDER ZU BILDEN AUF EINEM GELÄNDE, DAS SICH NOCH IMMER VERWANDELT.

BUCHEN STÜRZEN ÜBER JASMUNDS BRÖCKELNDE KLIPPEN INS MEER.

AUF DÜNEN BEGRÜNDEN BIRKEN UND KIEFERN EINEN WALD.

BUCHENSÄULEN AN DER JASMUNDER BUCHT

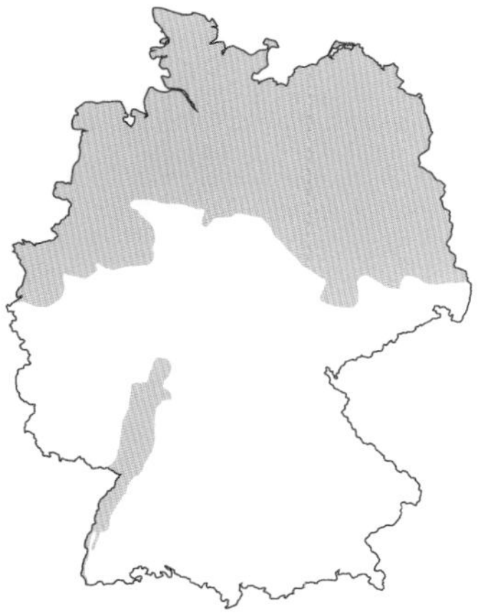

DIE PIONIERE DES TIEFLANDS

Zugegeben, auf den ersten Blick wirken sie ein bisschen statisch, die Rotbuchen am Jasmunder Kliff. Stolz und unbeugsam stehen die glatten grauen Stämme, fest verwurzelt im Erdreich, ein Wald wie für die Ewigkeit. Aber das täuscht. Wie so vieles, was Pflanzen betrifft. Auch wenn sie an einem Ort festgewachsen sind, heißt das nicht, dass die Chlorophyllproduzenten deshalb dort bleiben müssen oder schon immer dort standen. Im Gegenteil: Pflanzen reagieren auf klimatische Veränderungen kaum anders als Zugvögel. Wer hat nicht schon in den herbstlichen Himmel hinaufgesehen und die ziehenden Formationen mit den Augen verfolgt. Sobald der Winter mit Minusgraden näherrückt, schwingen sich viele Vögel in die Lüfte und reisen zu wärmeren Zonen – meist Richtung Süden. Und ähnlich zuverlässig kehren sie mit den Frühlingstemperaturen wieder zurück.
Bei Baumpopulationen muss man sich das ähnlich vorstellen. Allerdings finden deren Wanderungen nicht im Jahreszeitentakt statt, sondern im geologischen Rhythmus von Jahrhunderten und Jahrtausenden. Was das Zusehen für uns, als relativ kurzlebige Spezies, erheblich erschwert.
So kommt es, dass wir Pflanzenmigrationen oft gar nicht als solche erkennen. Gewächse reißen ja nicht ihre Wurzeln aus dem Boden, um anderswo eine neue Bleibe zu suchen, wenn ihnen die Witterung dauerhaft zusetzt. Aber sie reagieren auf die zusätzlichen Wärmegrade mit einer Art vegetativer Zugunruhe, dem Drang, sich davonzumachen. Unsere mitteleuropäischen Fichten beispielsweise, ihrem Alter nach wehrhafte junge Bäume, schwächeln bereits seit Jahrzehnten und setzen den Attacken von Stürmen und Borkenkäferheeren kaum Widerstand entgegen. Hektarweit umgeworfene oder aufrecht verdorrende Bäume sind die Symptome eines Leidens, das Klimaveränderung heißt und die kälteliebenden Nadelbäume dazu nötigt, ihren Platz zu räumen. Fichtenwälder verabschieden sich, indem sie sterben und ihre Samen auf die Reise in kühlere Zonen schicken.
Extreme Temperaturstürze von etwa fünf Minusgraden und der Vormarsch von drei Kilometer mächtigen Eispanzern über Nord- und Mitteleuropa verursachten die wohl größten Baumwanderungen der Erde. Die Vorfahren unserer heutigen Wälder überwinterten in fernen Refugien. Manche schlüpften auf der Iberischen Halbinsel unter, andere in Italien oder auf dem Balkan. Aber auch eisfreie Teile Russlands, der Karpaten und sogar der Atlantikküste boten den bedrängten Bäumen eine Zuflucht. Ihr Potenzial, zu mächtigen Populationen anzuwachsen und große Flächen zu besetzen, konnten sie dort allerdings nicht ausleben. Sie mussten sich mit einer Vielfalt kleiner Randlagen begnügen.
Erst als vor etwa 12 000 Jahren die Eiszeit zu Ende ging, brachen die Waldbäume aus ihrem engen Exil hervor und begannen, das abgetaute Terrain von Süden her zu besiedeln. Auf breiter Front drängten sie nach Norden – ein Prozess, der im norddeutschen Tiefland keineswegs abgeschlossen ist. Denn dort, nördlich der Linie Hannover–Magdeburg–Leipzig–Görlitz, harrten die Gletscher am längsten aus. Die Wunden, die sie den Landschaften geschlagen haben, sind bis heute noch nicht überall vernarbt, Dellen und Senken markieren die Ruheplätze der gewaltigen Eisleiber. Natürlich

BUCHE UND KIEFER RINGEN UM DEN BESTEN PLATZ.

HART IM NEHMEN Für die typischen Pioniere des Tieflands ist Offenland eine Herausforderung – ob Birken und Kiefern sich in der Lausitz auf magersten Sandböden breitmachen, wo sie der Heide mit ihren Kronen das Licht rauben werden. Oder ob Birken und Erlen der Nässe trotzen und in eine Au an der Wakenitz vordringen, die allmählich verlandet.

sehen die meisten bewaldeten Flächen im 21. Jahrhundert nicht mehr so aus wie in den Jahrtausenden nach der Eiszeit. Sie bilden vielmehr die Vorlieben ab, die Generationen vor uns – meist aus wirtschaftlichen Gründen – für bestimmte Baumarten hegten. Dennoch: In manchen Gegenden Deutschlands lässt sich bis heute verfolgen, wie dynamisch waldfreie Flächen von den ersten Holzpflanzen kolonisiert werden, wie dann Nachzügler in die von den Vorgängern geschaffenen Nischen eindringen und wie allmählich eine Baumgemeinschaft heranwächst, deren Auswahl durch die Bedingungen der Umwelt und der Rivalen geregelt wird.

Nicht jede Baumart hat das Zeug zum Pionier. Rotbuchen wie die im Jasmunder Wald treffen gewöhnlich spät ein. Nachdem Sand- und Moorbirken, Kiefern, Weiden, Erlen, Ebereschen oder Aspen beispielsweise auf den schwer verdaulichen Rohböden die Knochenarbeit geleistet haben. Die Herausforderungen der von Gletschern umgepflügten und mit Gesteinsschutt verschiedenster Körnungen verfüllten Landschaft verlangen Tausendsassa-Talente, über die nur typische Erstbesiedler verfügen. Alle halten viel aus – manche mehr Frost, andere starke Sonneneinstrahlung, manche mehr Dürre, andere viel Nässe, manche lockere, andere feste, saure oder basische Böden. Alle sind erfolgreiche Nährstoffsammler. Alle überschwemmen die Landschaft mit ihrem Nachwuchs. Alle streben als Jungpflanzen in rasantem Tempo aus dem Schatten der Krautschicht ans Licht.

Rekordhalter in puncto Wachstum und Fruchtbarkeit sind die Birken: Schon im ersten Jahr erreichen ihre Triebe die 30-Zentimeter-Marke. Zwei Meter Höhe im zweiten Jahr und vier im vierten Jahr sind für die jungen Bäume eine Kleinigkeit. Frühreif blühen und fruchten Birken schon im fünften Lenz. Sind sie erwachsen, produziert ein einzelner Baum rund zehn Millionen Samen.

Auf den ehemaligen Eiszeitdünen der Rostocker Heide demonstriert ein Birkenwald seine Qualitäten. Die gegenständigen Blätter des Kronendachs teilen die Sonne unter sich auf. Das dichte Wurzelgeflecht schweift im Erdreich

weit umher, um möglichst alle erreichbaren Wasser- und Nährstoffvorräte zu erbeuten. Solche hungrigen Arten lassen nichts übrig. Anspruchsvolle Pflanzen sind hier chancenlos. Nur Gräser ertragen gerade noch die Mangelversorgung am Fuß der Birkenstämme.

Pioniere können nicht wählerisch sein. Wo die Elemente sie absetzen, müssen sie zurechtkommen. So etwa auf den nährstoffarmen Sänden der Ostseebodden, die den ehemaligen Rand des Eises markieren. Wo Stürme, Brandung und Strömung sich am Land reiben, ist der Boden ständig in Bewegung. Er rinnt, fließt, fliegt. Ein aussichtsloser Platz, so scheint es, für sesshafte Pflanzen, die ihr Leben lang daran arbeiten, die eigene Standfestigkeit zu verstärken.

Kiefern aber finden ein Auskommen. Pfahlwurzeln verankern ihre Stämme bis zu sechs Meter tief im Erdreich und erschließen dort Wasser- und Nährstoffvorräte, gleichgültig wie mager die Ausbeute an der Oberfläche ist. Dass sie sich unter widrigsten Bedingungen behaupten, verdanken sie ihren guten Beziehungen zu Partnerorganismen im Boden. Kiefern können mit etwa 25 verschiedenen Pilzarten eine Symbiose begründen, bei der lebenswichtige Substanzen transferiert werden: Die Pilze liefern Stickstoff und Phosphat sowie Wasser, einschließlich der darin vorkommenden Mineralsalze. Dafür dürfen die Mikroorganismen sich aus den Baumwurzeln mit Kohlenwasserstoffen versorgen, ohne die sie keine Strukturen wie beispielsweise Fruchtkörper und Sporen aufbauen könnten.

Die windschlüpfrigen Nadeln ertragen sogar den langen Atem des Westwinds, der ihnen durch die Kronen fährt und sie zu landeinwärts geneigten, flachen Bürsten formt. Kein anderer Baum weiß sich unter den widrigen Bedingungen so schmiegsam zu behaupten. Reste typischer Kiefernwälder gedeihen entlang der heutigen Ostseeküste und dort, wo sich vor ein paar Tausend Jahren statt des Meeres nur gefrorenes Wasser dehnte. Nicht nur Nord- und Ostsee sind beim interkontinentalen Tauwetter auf der Nordhalbkugel der Erde entstanden. Im norddeutschen Tiefland füllten sich auch ehemalige Gletscherrinnen und von Moränen geschaf-

ERLEN TRINKEN DAS FLACHE WASSER WEG UND SAMMELN SEDIMENTE.

fene natürliche Aufstauungen, kleinere Becken, Mulden und Senken mit Schmelzwasser. Flüsse, Sümpfe, Moore, die Mecklenburgische, die Lauenburgische und die Schleswig-Holsteinische Seenplatte gehören zu den Souvenirs aus der Eiszeit. Viele Gewässer sind zu spiegelnden Girlanden miteinander verbunden. Als typische Gletscherpfützen haben sie weder Zu- noch Abfluss und begannen rasch zu verlanden. Besonders weil sich neben den üppigen Krautschichten alsbald auch Wälder breitmachten an den Ufern, auf Inseln, Landzungen, in den Kurven schwingender Flussläufe und in deren Mündungsdelta, um dort an den offenen Tränken ihren mächtigen Durst zu stillen.

Jeder Baum braucht große Mengen Wasser. Alle stofflichen Umsätze in seinem Riesenleib sind von dieser Flüssigkeit abhängig. Doch zu viel des Guten bringt die meisten Holzpflanzen ebenso sicher um wie zu wenig. Ausgefeilte Strategien sind angesagt für jene Arten, die sich auf ihrer Wanderung an bewegten Gewässern festsetzen und Auwälder begründen – an der Elbe bei Gorleben etwa, an der Leine bei Hannover, an der Warnow bei Rönkendorf und an der Wakenitz bei Lübeck.

Diese Wälder leben an einer Wasserleitung, die je nach Regenmenge, Schneefall und Schneeschmelze unterschiedlich weit aufgedreht ist. Schwarzpappeln und Silberweiden, sogenannte Weichhölzer, drängen so dicht ans Flussufer heran, dass sie gut 200 Tage im Jahr überflutet sind. Zusätzlich verkraften sie die an ihren Wurzeln zerrenden Strömungen und den hebelnden und hobelnden Eisgang im Winter. Hartholzauen aus Eschen, Hainbuchen, Stileichen und Ulmen halten dagegen mehr Abstand. Sie siedeln dort, wo das Geäder der Flüsse zwar erreichbar ist, sie aber nur ein- oder zweimal im Jahr für 20 bis 50 Tage mit Hochwasserständen in Bedrängnis bringt.

Die Gefahr, während langer Überflutungszeiten zu ersticken, ist auch für vegetative Organismen sehr real. Viele Auwaldpioniere lösen das Problem mit zusätzlich sprießenden Atemwurzeln. Wie Kiemen filtern sie den Sauerstoff aus dem Wasser statt aus der Luft und erschließen den großen Holzpflanzen einen halbaquatischen, instabilen Lebensraum.

Eine Existenz zu gründen, wo andere umkommen, ist das Privileg der Spezialisten unter den Pionierwäldern. Schwarzerlen gedeihen in dauerhaft nassen Mooren, in Sümpfen und in Bruchwäldern. Auf dieses exklusive Terrain kann ihnen so leicht kein Konkurrent folgen.

Ein paar raffinierte Sonderentwicklungen machen's möglich. Dem bekannten Sauerstoffmangel unter Wasser helfen die Bäume durch Öffnungen in der Rinde und Luftkanäle im Holz ab. Die für ihre Standorte typische Armut an Nährstoffen gleichen Erlen aus, indem sie sich tüchtiger Symbionten bedienen. Der Baum bietet den sogenannten Aktinomyzeten Unterschlupf in seinen Wurzelknollen, wo diese Mikroorganismen Stickstoff aus der Luft gewinnen und ihren Wirt damit versorgen.

Die meisten Bruchwälder Norddeutschlands sind durch menschliche Eingriffe entwässert worden. Aber auch die Erlen selbst verändern die eigenen Umweltbedingungen. Weil sie extrem durstig sind, senken sie den Wasserspie-

WEICHHÖLZER ERTRAGEN GELEGENTLICHES HOCHWASSER DER ELSTER

ZU HAUSE IM WASSER UND AN LAND Viele Tierarten leben in mehr als einer Welt. Biber, Kraniche, Seeadler, Gänseseger, Libellen, Moorfrösche und Schildkröten sind häufiger in moorigen, sumpfigen, verlandenden Schwimmblattzonen eiszeitlicher Seen zu finden, wo beide Elemente – Wasser und Land – dicht beieinander liegen. Moorfrösche etwa verbringen den Sommer im Wald, Paarung und Laichzeit aber in Tümpeln. Schildkröten dagegen bevorzugen warme Gewässer mit Biberburgen und gefällten Baumstämmen zum Sonnen. Ihre Eier aber vergraben sie in warmem Sand. Biber leben zwar im Wasser, bauen aber aus gefällten Baumstämmen ihre Burgen. Darin befindet sich die Wohn- und Wurfhöhle des Nagers, in der er es gern trocken hat. Kraniche suchen an Land ihre Nahrung, schätzen aber mit Seggen bewachsene Bülte entfernt vom Ufer für ihr Bodennest. Gewässer sind das bevorzugte Jagdgebiet der Seeadler. Ihren Horst aber bauen sie auf alten Bäumen im Wald.

SCHWIMMBLATTZONEN mit Schilf sind typisch für nacheiszeitliche Gewässer.

EIN WEIBCHEN der Gemeinen Federlibelle ruht auf einer Sumpfschwertlilie.

SEEADLER erbeuten Fische von mehr als zwei Kilo Gewicht.

EUROPÄISCHE SUMPFSCHILDKRÖTEN ernähren sich von der Jagd.

BIBER sind nach einer Krise wieder in ganz Deutschland verbreitet.

MÄNNLICHE Moorfrösche sind während der Paarungszeit leuchtend blau.

GÄNSESEGER brüten in großen Baumhöhlen.

SUMPFCALLA und Krebsschere wachsen im Verlandungsbereich.

KRANICHE gelten heute nicht mehr als bedroht.

KRANICHNESTER werden auf Bülten gebaut, die rings von Wasser umgeben sind.

TIEFLANDWÄLDER müssen mit Veränderungen leben – und sterben. Heftig wühlt und reißt die Ostsee an der Steilküste der Insel Rügen. Mit den erodierten Kreidefelsen rutschen immer wieder Buchen aus dem Jasmunder Wald die Klippen hinunter auf den Strand. Von dort nehmen die Wellen sie mit, schleifen sie zu bizarren Holzskeletten und werfen sie am Bodden auf den Strand. Ein Teil der Sedimente aus zermahlener Kreideküste wird am Vilmer Haken angespült und türmt sich dort im Laufe der Jahre zu Neuland. Auf dieser Mischung aus Kreide und Sand wächst heute schon wieder ein junger Wald aus typischen Pioniergehölzen heran. Er ist durchsetzt mit Wildformen von Obstgehölzen, die im Frühling in voller Blüte stehen.

gel ihres Standorts. Aus abgestorbenen oder umgefallenen Stämmen, aus Laubmengen, die in jedem Herbst verrotten, entsteht allmählich Humus, dann festes Land, auf dem eines Tages auch andere Baumarten zurechtkommen können. Was für die Erlen gilt, trifft auf alle Pionierbaumarten zu: Sie wandeln die Landschaften, die sie erschließen, um. Aus dem, was sie fördern und produzieren, sammelt sich allmählich genug Rohstoff für tiefgründigere Böden. Hunderte von Pilzarten siedeln sich darin an und unterstützen die Baumwurzeln dabei, den Abbau von Nährstoffen um ein Vielfaches zu steigern.

Wo Wälder entstehen, entsteht im Inneren der unterschiedlich alten und unterschiedlich großen Gehölze ein ganz besonderes Binnenklima – eine Einladung an neue, empfindlichere Baumarten, die im Zentrum des Waldes vor Wetterextremen, vor zu viel Sonne, Frost und Wind, geschützt sind. Weil jede der großen Holzpflanzen im Wald einen etwas anderen Standort hat, andere Licht- und Nahrungsbedingungen als die Nachbarn, eine andere Biografie und andere, ganz eigene Interessen, was etwa ihren Nachwuchs betrifft, entstehen in jedem Gehölz so viele unterschiedliche Lebensnischen, wie es Bäume beherbergt. Man könnte die Nischen auch Angebote nennen oder Einladungen, gerichtet an andere pflanzliche und tierische Organismen, sie zu erkunden und sich eventuell niederzulassen.

Tatsache ist, dass den Begründern des Waldes bald weitere Baumarten folgten und sich bei den angenehm temperierten und mit Nährstoffen versorgten Primärgesellschaften ansiedelten. Diese sogenannte Sukzession ist ihnen leicht gemacht worden, da die Pioniere unter den Holzpflanzen zwar rasante Eroberer, zähe Kämpfer und fruchtbare Eltern sind, aber recht kurzlebig, verglichen mit denen, die ihnen nachfolgen. Birken, Kiefern, Pappeln, Erlen, Weiden leben höchstens 150 Jahre. Und wo sie fallen, machen sie Platz für Zuzügler, liefert ihr Leib das Saatbeet für fremde Kinder, die mit dem Wind oder mit den Vögeln herbeigereist sind. Aus Birkenwäldern sind auf diese Weise etwa Birken-Ebereschenwälder oder Birken-Stieleichenwälder geworden.

Der zweite, dritte, vierte und x-te Schwung der Einwanderer hat sich, sind ihre ersten Bäume erwachsen, nicht etwa klein gemacht. Im Gegenteil: Eichen, Linden, Eschen und vor allem die Buchen haben die Pioniere von den besten Plätzen verdrängt. Für die Kämpfer bleiben die Kampfzonen, die sandigen, moorigen, überfluteten, unsicheren und mageren Standorte.

So kommt es, dass in Jasmunds Buchenwäldern heute keine heroischen Pionierbaumarten mehr wachsen. Sie sind vor Jahrhunderten, vielleicht vor Jahrtausenden schon abgelöst worden. Aber dicht an der Rügener Steilküste, wo Jahr für Jahr der Boden wegbricht und metertief in die Ostsee hinabrutscht, kommt Bewegung in die mächtigen Buchen am Rand, naht auch ihr Ende. Wild mit den Ästen gestikulierend stürzen sie, einzeln und in Gruppen, über die weißen Klippen in den Abgrund. In Zeitlupe, versteht sich. Manche Baumriesen krallen sich mit ihren muskulösen Wurzeln noch jahrelang am Rand des Hochufers fest. Im Angesicht des Untergangs treiben sie Blätter, entfalten Blüten, lassen Früchte reifen. Obwohl Stamm und Krone bereits waagerecht über dem Meer hängen, eingefroren im freien Fall. Manche aus der vordersten Reihe des Jasmunder Walds liegen schon zerschmettert am steinigen Strand. Und manche sind nur noch Spielzeug der Brandung, entrindet, blankgeschmirgelt und zu Skeletten gebleicht. Dramatischere Abgänge dürften schwer zu finden sein.

Aber in diesem wandelbaren System Wald ist selbst so ein spektakuläres Ende zugleich der Anfang von etwas. Dieses Etwas entsteht ein wenig weiter draußen auf dem Meer bei der Insel Vilm, am Vilmer Haken. So heißt die Landkurve, die von der Ostseeströmung wie eine Locke modelliert wird. Dazu benutzt sie das von Jasmunds Kreideklippen Jahr für Jahr abbröckelnde Material. Das Meer trägt es von der Insel Rügen hinüber in Richtung Vilm, zerreibt es dabei zu feinen Kristallen und fügt Partikel für Partikel dem Haken hinzu. Darauf wächst, kaum hat die Brandung die waldfreie Fläche geräumt, ein junger Pionierwald aus Birken, Weiden und im Frühling weiß blühenden Wildbirnen.

SEHR ALTER KÜSTENWALD AUS EICHEN UND BUCHEN AUF DER INSEL VILM

ELSBEERENBLATT

DIE VIELFALT DER MITTELGEBIRGE
WÄLDER VON 200 BIS 800 HÖHENMETER

NIRGENDWO IST DIE LANDSCHAFT BEWEGTER. UNTERSCHIEDLICHE BÖDEN, HANGNEIGUNGEN, TÄLER, SCHLUCHTEN, HÖHENRÜCKEN UND GEWÄSSER SCHAFFEN EIN MOSAIK VON WACHSTUMSCHANCEN. DAS HÜGELLAND IST EINE SPIELWIESE FÜR DIVERSE WALDGESELLSCHAFTEN UND DEREN CHARAKTERISTISCHE PFLANZLICHE UND TIERISCHE UNTERMIETER. ALLE PAAR QUADRATKILOMETER SIND DIE BAUMARTEN ANDERS ZUM WALD GEMISCHT, ENTFALTET SICH EINE PALETTE, DIE IN EUROPA EINZIGARTIG IST UND DEUTSCHLAND ZUM KERNGEBIET DER SOMMERGRÜNEN LAUBMISCHWÄLDER MACHT.

DIE BILDER AUF DEN FOLGENDEN SEITEN ZEIGEN, MIT WELCHEM EINFALLSREICHTUM DIE BÄUME DES MITTELGEBIRGES AUF DIE ANGEBOTE DES UNTERGRUNDS, DES KLIMAS UND DER GELÄNDEFORMEN REAGIEREN UND WELCHE VIELFALT VON WALDBILDERN DABEI ENTSTEHT.

SEIT DREI JAHRHUNDERTEN FORSTLICH UNBERÜHRT: DER WALD AM STEILHANG ÜBER DEM EDERSEE

IM WIEGENTAL IMPONIEREN 140-JÄHRIGE BUCHEN MIT MÄCHTIGEN DURCHMESSERN.

IM TOTHOLZ LEBEN VIELE SCHLEIMPILZE. SIE VERHALTEN SICH WIE TIERE UND WIE PILZE, SIND ABER EINZELLER.

ARTENREICH AUF ENGEM RAUM: BERGAHORN, ESCHE, HAINBUCHE, BUCHE, ULME (von links nach rechts)

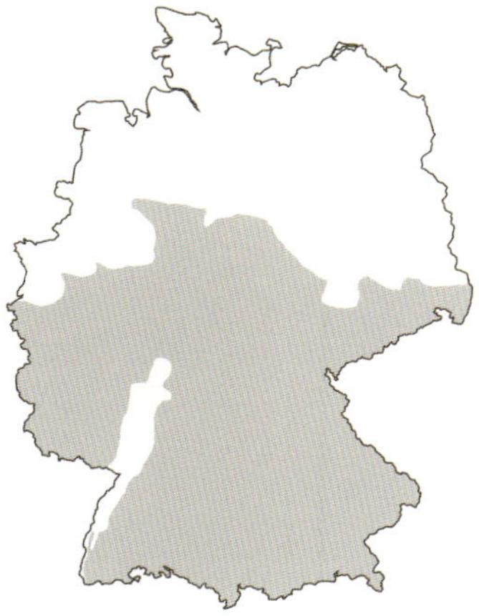

DIE VIELFALT DER MITTELGEBIRGE

ALS BÄUME DEN WALD ERFANDEN – DEUTSCHLANDS MITTELGEBIRGE Bäume sind gesellige Wesen. Am besten gedeihen sie dort, wo bereits viele ihresgleichen beieinander stehen. Am Außenrand einer Gruppe beispielsweise, wo die Äste der Grenzposten weit überhängen ins baumfreie Terrain der Gräser und Kräuter. Ebenso florieren sie inmitten eines geschlossenen Verbands, sobald der Sturz eines oder mehrerer Riesen den dichten Kronenpelz aufreißt und eine Lichtung schafft.

Diese Feststellung scheint derart fraglos und durch jedermanns Beobachtungen bestätigt, dass man meinen könnte, es sei unnötig, noch ein Wort darüber zu verlieren. Wenn nicht ausgerechnet das Selbstverständliche – und das ist das Faszinierende an der Biologie – gelegentlich gar nicht so selbstverständlich ist, wie wir glauben.

Geht es um Pflanzen, um uralte Lebensformen also, sollten wir Menschen – vergleichsweise rezente Zugaben der Evolution und nicht mit so vielen Wassern gewaschen wie die frühen Kolonisten des Planeten Erde – uns besser auf Unvermutetes einstellen. Jedenfalls darauf, dass sich unter dem Anschein gemächlichen Gedeihens einiges verbirgt, was in rund 350 Millionen Jahren entscheidend zum Erfolg baumartiger Existenzen auf der Erde beigetragen hat.

Weder sind wir es gewohnt, uns beim Anblick eines Waldes Gedanken darüber zu machen, weshalb Bäume sich derart zusammenrotten. Noch fragen wir uns normalerweise, was es einzelne Individuen eines Gehölzes kosten mag, pflanzlichen Neuankömmlingen tolerant zu begegnen; oder wie sehr, umgekehrt, auch die Zugezogenen an sich halten müssen, um die in ihnen angelegte Neigung zur Rivalität zu unterdrücken.

Organismen mit grünen Blättern, die aus eigener Kraft das Land zu erobern vermochten, haben sich ihre Geländegewinne nicht allein durch Nettigkeiten gesichert.

Zum Erbe ihrer frühesten Vorfahren gehört es, ureigene Interessen rücksichtslos zu verfolgen. Sich als Einzelexemplar zu behaupten und zu vermehren trug von Anbeginn entscheidend zu den vegetativen Karrieren bei. Die Stillen im Lande wetteifern, auch wenn wir nichts davon merken, um die Lichthoheit ihrer Kronen, um Platzvorteile im Erdreich und um nahrhafte Bodenschätze in der Tiefe. Gutnachbarliche Beziehungen sind unter Gehölzpflanzen nicht an der Tagesordnung.

Dennoch: Zum Faszinierenden an der Biologie gehört ebenfalls das scheinbare Paradoxon, dass neben der einen allgemein akzeptierten Wahrheit auch deren Gegenteil richtig sein kann. Im deutschen Mittelgebirge mit seinem kleinstteiligen Mosaik von Standorten kommen Bäume jedenfalls besser zurecht, wenn sie sich zusammentun, statt gegeneinander Front zu machen.

Die Gründung von Genossenschaften, das Auftreten als Verband geschah nicht über Nacht. So wenig wie die Entwicklung manch anderer Verhaltensweisen der heute bei uns heimischen Bäume. Jede Neuerung musste unter realen Bedingungen ununterbrochen härteste Tests bestehen. Was sich nicht modifizieren ließ, wurde aus dem Programm genommen. So blieben die entstandenen Fähigkeiten immer auf dem neuesten Stand und erweisen sich

KURZ VOR DER BLÜTE: EIN ALTERSKLASSENWALD AUS LAUBBÄUMEN

in den gegenwärtigen Varianten noch immer als überaus tauglich. Denn die Überlebenden der Langzeitselektion haben einschneidende Erfahrungen in ihrem genetischen Gedächtnis gespeichert und an die Nachkommen überliefert. In der heutigen Generation von Bäumen ist jene Vielfalt von Fertigkeiten und Ausstattungen lebendig und abrufbar geblieben, die wir heute als Standard betrachten.
Zu diesen Fertigkeiten und Ausstattungsmerkmalen gehören etwa breite Blätter und damit größere Kochflächen für die Photosynthese; Laubfall vor der winterlichen Frostperiode, damit der Baum durch Verdunstung keine Feuchtigkeit verliert, solange die Wurzeln sie aus dem gefrorenen Boden nicht ersetzen können; leistungsfähigere Leitungssysteme, die den Baum besser mit Regen und Nährstoffen versorgen; das Aufkommen robuster, »winterharter« Gewächse, die Kältestress, Trockenheit, Schneelast und Winddruck wegstecken – ein Fortschritt, ohne den Deutschland heute größtenteils baumlos wäre; Gegengeschäfte mit Pilzen, die wachstumsfördernde Mineralsalze, Stickstoff und Phosphat an die Bäume liefern und dafür mit Kohlenwasserstoffen entschädigt werden, aus denen die Wesen aus dem großen Reich der Zersetzer wiederum ihre Fruchtkörper aufbauen; und, wie schon erwähnt, ein Trend zum geselligen Beisammensein, der die Welt verändert hat.

EIN NEUES ÖKOSYSTEM ENTSTEHT Als Bäume den Wald erfanden, ihre Stämme sich näherkamen, der grüne Himmel ihrer Kronen sich über dem Land schloss, ihre Wurzelspitzen tief im Boden Partnerschaften mit Pilzen eingingen und ein einträglicher Stoffaustausch anhob, stießen sie eine Entwicklung an, die bis heute fortdauert. Sie schufen ein neues Ökosystem, in dessen Milieu weitaus angenehmere Bedingungen herrschen als außerhalb.
Davon profitierten nicht nur die daran mitwirkenden Gehölzpflanzen samt deren Nachkommen. Angezogen von den günstigen Lebensumständen im Wald, fanden sich Abertausend andersartige, ober- und unterirdisch existierende Organismen ein und halfen mit, den sich entfaltenden Naturhaushalt aufrechtzuerhalten. So konnte sich Vielfalt, konnten sich Metropolen des Lebens entwickeln. Eben jene Biodiversität, die unseren natürlichen Systemen heute zugutekommt.
Hauptmerkmal des von den Holzpflanzen gegründeten Ökosystems Wald ist sein ganz eigenes Klima. Etwas, das jeder spürt, der ihn an einem Sommertag betritt und tief die kühle, erfrischende Luft einatmet. So stark wirkt der Binnenstoffwechsel der Baumgemeinschaft, wirken die mehr oder weniger gleichzeitig ablaufenden Prozesse von Zigtausend mächtigen Holzpflanzen, dass externe Temperaturschwankungen wegreguliert werden, wie durch eine Klimaanlage. Während der vegetativen Wachstumsphase fangen energiehungrige Kronenblätter beispielsweise die Sonnenstrahlen ein. Noch ehe sie das Waldesinnere aufheizen können, werden sie großteils bei der Photosynthese verfeuert. Sobald die Zweige ab dem späten Frühjahr voll belaubt sind, liegt das Erdreich sogar am hellen Tag im Schatten. In Bodennähe wird es daher allenfalls warm. Die Sommerglut bleibt ausgesperrt.

ZWIEBEL-ZAHNWURZ IST EINE ZEIGERPFLANZE FÜR NÄHRSTOFFREICHE BÖDEN.

DER UNTERGRUND BEEINFLUSST die Zusammensetzung einer Waldgesellschaft. Im bodensauren Kellerwald reichen die Nährstoffe vieler Lagen nur für Moospolster. Auf der Schwäbischen Alb dagegen sind die Bedingungen selbst in 800 bis 900 Metern Höhe günstig für einen Bergwald aus Buchen und Tannen. Im Naturwaldreservat Zwerchstück scheitert die Buche an der Trockenheit. Eichen und Hainbuchen aber kommen gut zurecht. Es gedeiht sogar eine üppige Krautschicht. Eiben gehören zu den Bäumen, die fast alles ertragen und trotzdem zu mächtigen vielhundertjährigen Methusalems heranwachsen. In Fürstenhagen, Thüringen, bilden sie unter der Kronenschicht von Buchen einen zweiten Wald.

Umgekehrt verhält es sich an kalten Tagen oder bei Nacht: Die gespeicherte Wärme wird unter der grünen Blätterhaube eingesperrt. Jetzt ist die Temperatur im Wald höher als außerhalb des Waldes.

Keine Frage: Durch ihr geselliges Verhalten haben Bäume ihre physische Umwelt modifiziert, den brutalen Druck der natürlichen Selektion abgemildert, sich Vorteile gesichert. Im Wald ist das Leben leichter als außerhalb, hat jeder einzelne Baum bessere Chancen.

Erstens im Kampf gegen das Heer der sechs- und vierbeinigen Florenfresser. Deren äsenden, bohrenden, raspelnden, schneidenden und saugenden Mundwerkzeugen ist der einzelne Baum nicht allein ausgeliefert. Im geschlossenen Verband verteilt sich der Schaden auf viele. Die Heimsuchung verringert sich auf ein für die Individuen erträglicheres Maß.

Zweitens bei den Attacken der Elemente. Nur die Bäume in der ersten Reihe erleiden die volle Wucht des Windes, die stärkste Schneelast und das reißende Gewicht nächtlich gefrierenden Tauwassers an ihren Ästen. Doch sobald sie zulassen, dass herbeigewehte oder herbeigetragene Samen unter ihrem Schirm keimen, sind sie bald aus dem Gröbsten raus. Wenn nämlich außerhalb des alten Waldrands eine zweite, dritte, vierte Phalanx von Schösslingen aufwächst, eine nach außen immer dichter und breiter wachsende Dämmung gegen den Ansturm der Witterung. Und ohne sich auch nur einen Zentimeter weit zu bewegen, rücken die Bäume der ehemaligen Frontlinie immer weiter in die Geborgenheit des Waldinneren vor.

Und erst recht, drittens, auf den Wuchsorten deutscher Mittelgebirge, in Höhen zwischen 200 und 800 Metern.

REGELN UND AUSNAHMEN IM GEOÖKOLOGISCHEN SCHEMA Lehrbücher über Standortkunde gliedern Landschaften, auf denen Wälder wachsen, säuberlich nach

den Einflüssen, denen sie ausgesetzt sind. Also nach Klima, Boden, Relief, Himmelsrichtung, Höhenstufen und – je nach Nähe zum oder Ferne vom Meer – in atlantisch oder kontinental.

So trennscharf geht es in der Wirklichkeit nicht zu. Bäume, die sich in deutschen Hügelländern ansiedeln, treffen dort vielfach auf sogenannte Sonderstandorte, d. h. auf ein Gemisch vieler Einflüsse, auf Ausnahmen vom geoökologischen Schema.

Nirgendwo dürften Angebote und Zumutungen für Gehölzpflanzen so dicht beieinander liegen, sind ihre ererbten Multitalente derart gefordert wie in den Mittelgebirgen. Dort müssen sie mit wild bewegtem, zerklüftetem, emporgepresstem und erodiertem Gelände fertig werden; mit Temperaturdifferenzen von mehr als fünf Grad; mit von Gewässern zerfurchten Hängen; mit Kämmen, Kuppen, Bergrücken, die scharfen Wettern ausgesetzt sind; mit kalten, feuchten, lichtarmen Schluchten, mit lockerem Gestein auf steilen Lagen und mit solchen, die dauerhaft nass oder dauerhaft trocken, fast ständig beschattet oder der Sonne ausgesetzt sind; mit Böden, deren ursprüngliche Bestandteile in erdgeschichtlichen Epochen geschaffen und so verschoben, verkantet, gespalten, gefaltet, geschmolzen und wie ein zäher Teig geknetet und schließlich während der Eiszeiten gepresst, zu Geröll gesprengt, geschmirgelt und gehobelt wurden.

Ein heikler Lebensbeginn für Baumsämlinge. Bei ihrer Landung auf dem Boden treffen sie selten auf ein fruchtbares Keimbett. Häufiger erwarten sie schwer verdauliche Substrate, aus denen die Schösslinge ihre auf Riesenwuchs und langes Leben programmierten Leiber aufbauen sollen. Bäume ernähren sich von der Vergangenheit: von pflanzlichen oder tierischen Substanzen, wie sie Tag für Tag auf oder in der Erde recycelt werden; und von Gesteinen, die

DER GÜTERSTEINER WASSERFALL STÜRZT VON STUFE ZU STUFE DURCH EINEN HANGSCHLUCHTWALD

NOT MACHT ERFINDERISCH Wenn es darum geht, Bestäuber anzulocken, herrscht unter Blumen ein harter Konkurrenzkampf. Orchideen, zumal jene, die sich auf ein Dasein im Wald spezialisiert haben, mussten erfinderisch sein. Selbstverständlich prunken sie mit Farben und Düften. Aber damit sparen andere Blüher auch nicht. Eine gut markierte Landebahn aber hat nicht jeder. Sie macht es den Insekten bequemer, den richtigen Weg zu finden. Viele Orchideen heften ihre Pollenpakete an Klebscheiben, die exakt an der artspezifisch richtigen Stelle auf dem Insektenleib hängen bleiben. Nektar, auf den die Kerbtiere erpicht sind, bieten die wenigsten Orchideen. Wenn es hoch kommt, spenden sie Sexuallockstoffe, mit denen Insekten ihrerseits Partner betören können. Weil viele Orchideen symbiotisch von Pilzen abhängig sind, die bereits den Keimling versorgen, und teilweise nicht einmal eigenes Chlorophyll besitzen, müssen sie mit der gespendeten Nahrung sparsam umgehen.

PURPUR-KNABENKRAUT blüht in lichten Laubwäldern manchmal schon Ende April.

GRÜNLICHE Waldhyazinthen locken bei Nacht mit Duft. Nachtfalter bestäuben sie.

DIE SYMBIOSE mit Pilzen versorgt den Blattlosen Widerbart mit dem Nötigsten.

FUCHS´ Knabenkraut hat winzige Samen. Der Keimling wird von Pilzen ernährt.

NÄHRSTOFFARME Wälder sind die Heimat des Braunroten Stendelwurz.

KESSELFALLEN des Gelben Frauenschuh weisen Insekten den Weg.

BLASSES Knabenkraut blüht schon eine Woche nach der Schneeschmelze.

VOGELNESTWURZ kommt ohne eigenes Blattgrün aus – mithilfe von Pilzen.

SCHLUPFWESPEN und Käfer bestäuben das Große Zweiblatt.

PILZPARTNER versorgen den Samen des Weißen Waldvögeleins mit Nahrung.

EIN BUCHENBESTAND AUS VIELEN ALTERSSTUFEN IM STEIGERWALD

BUCHENKEIMLINGE IM STEIGERWALD

zum Teil schon seit mehreren 100 Millionen Jahren verwittern und dabei zu Mineralsalzen zersetzt werden – zu unentbehrlichen Bausteinen für das Wachstum von Holzpflanzen. Nicht alle Felsschichten sind gleichermaßen »nahrhaft«. Manche geben weniger, andere mehr anorganische Nährstoffe frei. Dementsprechend herrscht in der Erde ein saures oder basisches Milieu.

Den Wäldern ist anzusehen, aus welchen Untergründen sie ihr Wachstum speisen. Besonders an den Gras- und Kräuterarten, die am Fuß der Bäume wachsen, können Fachleute ablesen, um welche Waldgesellschaft es sich handelt. Beispielsweise um einen bodenbasischen Orchideen-Kalkbuchenwald, wie er in den trockenen und mageren Lagen des Thüringer Hainich vorkommt; oder um einen bodenbasischen Bärlauch-Kalkbuchenwald, der ebenfalls im Hainich zu finden ist, aber auf feuchtem nährstoffreichem Untergrund. Für bodensaure Buchenwälder auf mageren Sandböden, wie sie im Steigerwald häufig anzutreffen sind, ist die Weiße Hainsimse die namengebende Zeigerpflanze.

Mit solchen Beschreibungen versuchen Experten das zu gliedern, was in der Natur ohne erkennbare Grenze ineinanderfließt. Noch komplexer wird das Bild, wenn die Fachleute nicht nur den Bodengehalt, sondern auch die Bodengestalt bei der Charakterisierung von Waldgesellschaften ins Spiel bringen. Bei welcher Hangneigung oder Höhe, bei wie viel Nässe oder Trockenheit, Wärme oder Kälte und so fort machen Bergahorn, Spitzahorn, Ulme, Sommerlinde, Winterlinde, Stieleiche, Birke, Eiche, Elsbeere, Eibe, Hainbuche, Rotbuche, Esche, Erle oder Tanne schlapp?

DIE ROTBUCHE – EIN TAUSENDSASSA Nicht jede Baumspezies ist sämtlichen Herausforderungen des Mittelgebirges gewachsen. Selbst Rotbuchen erobern keineswegs alle Standorte, obwohl die Anpassungsfähigkeit dieser vor 10 000 Jahren nach Deutschland eingewanderten Baumart legendär ist. Würde der Mensch nicht eingreifen, heißt es, wären unsere heimischen Landschaften ausschließlich von Rotbuchenwäldern bedeckt. Das ist sicher leicht übertrieben, denn die Natur toleriert langfristig keine Monokulturen. Was aber stimmt, ist, dass Buchen unsere sommergrünen Laubwälder dominieren. Das heißt im Klartext: Der Baum ist ein Tausendsassa und duldet, dass andere Baumarten ihn dort beim Begründen eines Waldes unterstützen, wo er allein kapitulieren müsste.

Etwa am 460 Meter hohen Lengenberg in Thüringen und an den 30 Grad steilen Felsschluchten des Wiesenttals bei Gößweinstein. Hier mischt *Fagus sylvatica* mit, so hart es sie ankommt. Der eigentliche Wald aber wächst unter ihrem schütteren Schirm: eine zähe Gemeinschaft mehrhundertjähriger Eiben. Den immergrünen Nadelbäumen, den ältesten Gehölzpflanzen Europas, machen die widrigen Standortbedingungen wenig aus. Nicht einmal der lichte Schatten der Buchenwipfel hält sie davon ab, ihre dunkelgrünen Kronen in der zweiten Etage zu entfalten.

Selbst in steilen Schluchten des Kellerwalds geben Buchen nicht auf: Ihre Stämme krümmen sich zu Haken, während der Baum auf rutschendem Untergrund allmählich in Richtung Tal gezogen wird. Am Edersee erklimmen sie zwar, ins Gestein gekrallt, die Wooghölle, verbrauchen dabei aber

ENTSORGUNG OHNE RÜCKSTÄNDE Totholz – mächtige Stämme und Äste – wird zu Waldboden verwandelt. Die Fotos zeigen viermal dasselbe Waldbild im Hainich. Das erste entstand 1994, das zweite im Jahr 2000, das dritte 2006 und das letzte 2009. Wer heute nachsieht, findet keine Spur mehr von den einstigen Riesen. Wieviele Organismen daran mitgewirkt haben, sie zu mineralisieren, lässt sich nicht einmal schätzen. Klar ist jedoch, dass die Biomasse der holzzersetzenden Pilze alle anderen Beteiligten an Biomasse übertreffen. Ihre Vorarbeit erschließt einige 1000 Nischen für Käfer, Bienen, Grabwespen, Fliegen, Mücken, Holzameisen und deren Larven, Regenwürmer, Asseln, Milben, Springschwänze und Bakterien.

so viel Kraft, dass sie nicht ihre typischen Säulenstämme zustande bringen, sondern nur kümmerliche Büsche.

Tiefwurzelnde Baumarten wie Linden, Bergahorn oder Hainbuchen können sich an abschüssigen Talwänden und auf losem Geröll besser behaupten. Eschen und Ulmen wiederum gedeihen dort, wo es den meisten anderen Baumarten zu kühl und zu feucht ist: etwa in den von Bächen eingeschnittenen Schluchten.

Doch auf den abschüssigen Schieferböden der Kahlen Hart in Hessen ist für unsere heimischen Baumarten dann Schluss. Mit einer Ausnahme: Die Traubeneiche erträgt den bröckelnden Untergrund und die Temperaturextreme des Südwesthangs, die von plus 60 Grad bis minus 30 Grad reichen können. Hier hält sich seit mehreren Jahrhunderten ein Urwald aus fünf Meter kurzen Eichen. Ihre gedrungenen Stämme und die dramatisch gestikulierenden Äste zeugen von der unbarmherzigen Härte dieses Standorts – und davon, was manche Baumarten in Kauf nehmen, um möglichst jede Landfläche mit Wald zu überziehen, mit jenem für Gehölzpflanzen gedeihlichen Ökosystem.

Dass einzelne unserer heimischen Baumspezies immer wieder an ihre Grenzen kommen und ein Gelände ganz oder teilweise an die Konkurrenz abtreten müssen, ist typisch für das deutsche Mittelgebirge. Was der einen Art unmöglich ist, kann für eine zweite, dritte und vierte ein Leichtes, ja sogar ideal sein – dank ihrer ererbten Eigenschaften. Weil so viele Gehölzspezies mitwirken am Wald, gleicht er – sieht man genauer hin – einem Patchwork, einer bunten Ansammlung unterschiedlicher Wälder.

Beim Blick von oben auf die belaubten Kronen zur Blütezeit im Frühling oder zu Beginn der Laubfärbung im Herbst zeigt sich die erstaunliche Baumartenvielfalt, die in Deutschland von Natur aus heimisch ist – wenn man zulässt, dass die Bäume in Relikten überdauern. Wie bei-

spielsweise im Hainich, im Elbsandsteingebirge, im Kyffhäuser, im Kellerwald, im Steigerwald, auf der Schwäbischen Alb und im Spessart.

Dort allerdings droht den Beständen 140 Jahre alter Buchen und Eichen das Übliche: ein vorzeitiges Ende durch die Säge und der Verkauf nach Österreich und China. Nicht einmal die regionalen Sägewerksbetriebe profitieren davon, wenn deutsche Wälder als Rohholz zu Dumpingpreisen exportiert werden. Das Geschäft macht ausgerechnet der bayerische Staatsforst, der doch Deutschlands internationale Zusicherung einlösen soll, zehn Prozent des öffentlichen Waldes sich selbst zu überlassen. Wozu die Bundesregierung sich 2007 in der Nationalen Biodiversitätsstrategie verpflichtet hat.

Was im Spessart geschieht, geschieht auch anderswo im deutschen Mittelgebirge. Aus entlegenen Landschaften verschwinden alte Bäume, die letzten Reste natürlicher Wälder. Sie konnten sich dort bis heute halten, weil die Flächen für Ackerbau, für Städte, Dörfer, Gewerbegebiete und Straßen nicht taugten. Und weil das Fällen und Wegbringen zu schwierig war. Mit modernen Maschinen verschwinden nun auch die Erinnerungen an letzte Urwälder in Deutschland, an Baumgesellschaften, die nicht unseren menschlichen Vorstellungen gehorchen, sondern die sich selbst entwerfen. Die praktizieren, was sie gelernt haben: fertig werden mit schwierigen Lagen. Sie sind unsere Waldzukunft im Wartestand.

KINDERSTUBEN IN DEN BÄUMEN Je älter ein Wald ist, umso reicher ist sein Angebot möglicher Nistplätze. Zur Brutzeit brauchen Vögel sichere Plätze für ihren Nachwuchs. Manche bauen in luftiger Höhe ein gut gepolstertes Nest aus Blättern, Zweigen, Moos und Flechten – aus dem, was ringsum in Hülle und Fülle wächst. Andere, wie die Spechte, zimmern sich ihre Höhle im reifen Holz betagter Bäume. Uhuküken werden am mächtigen Fuß von Baumriesen erwachsen, in dessen tiefen Kerben sie sich tagsüber verstecken.

KLEINSPECHTE beziehen nur alte Wälder mit viel Totholz.

BUNTSPECHTE sind am wenigsten spezialisiert und daher häufig zu sehen.

HOHLTAUBEN gehören zu den Nachmietern in Schwarzspechthöhlen.

SCHWARZSPECHTE ernähren sich überwiegend von Ameisen.

EICHELHÄHER legen Vorräte an. Aus Eicheln, die sie vergessen, wachsen Bäume.

WALDBAUMLÄUFER
zählen zu den kleinsten
Vögeln Europas.

SCHWARZSTÖRCHE
bauen großräumige
Nester für den Nachwuchs.

KOHLMEISEN brüten zweimal
im Jahr und ziehen jeweils bis
zu zwölf Nestlinge groß.

KOLKRABEN lassen
sich viele Tricks einfallen,
um ihre Kost zu bereichern.

UHUKÜKEN sind Nestflüchter
und verstecken sich am Fuß
von Waldbäumen.

SCHLUCHTWALD MIT PIONIERBÄUMEN, SÄCHSISCHE SCHWEIZ

DIE EXTREMISTEN DES HOCHGEBIRGES
WÄLDER AB 800 HÖHENMETER

NUR BÄUME, DIE VIEL AUSHALTEN, KÖNNEN SICH HIER HALTEN. WINDE HEBELN, METERDICKE SCHNEEDECKEN ZERREN AN IHNEN, STÜRME PACKEN SIE BEI DEN KRONEN. ES GIBT KEINEN SCHUTZ VOR DEN UV-STRAHLEN DER SONNE. FRÖSTE VERKÜRZEN FRÜH UND SPÄT IM JAHR DIE WACHSTUMSPHASEN. STEILE WÄNDE, MÜRBES GESTEIN UND DÜNNE BÖDEN FORDERN DAS ÄUSSERSTE VON DEN WURZELN DER GROSSEN HOLZPFLANZEN. UND DIE MENSCHEN IN DEN TÄLERN PROFITIEREN DAVON. BERGMISCHWÄLDER ÜBERZIEHEN DIE HÄNGE UND WENDEN TODBRINGENDE GEFAHREN AB, WO SIE SICH DEN LAWINEN, DEM STEINSCHLAG, DEM HOCHWASSER ENTGEGENSTELLEN.

DIE BILDER AUF DEN FOLGENDEN SEITEN ZEIGEN, WELCHE HERKULESLEISTUNGEN DIE BERGWÄLDER VOLLBRINGEN, WENN SIE BIS HINAUF ZUR BAUMGRENZE DAS ERDREICH FESTHALTEN. NUR SOLANGE HUMUSREICHER BODEN DIE BERGFLANKEN BEDECKT, KÖNNEN IMMER WIEDER WÄLDER NACHWACHSEN.

BLICK DURCH DIE SCHMALEN KRONEN DES FICHTENBERGWALDS IN RICHTUNG WATZMANN

EINE STARKE MISCHUNG AUS FICHTE, TANNE UND BERGAHORN ÜBERWÄCHST EINEN FELSSTURZ.

BAUMVIELFALT AM HERMANNSBERG – GEGENÜBER KLAFFEN DIE SCHÄDEN DER MONOKULTUR

DIE EXTREMISTEN DES HOCHGEBIRGES

DER DEUTSCHE BERGMISCHWALD – EIN WALD IM KONJUNKTIV Der deutsche Bergmischwald wächst im Konjunktiv. Er würde, müsste, sollte, könnte beispielsweise die Höhenlagen ab 800 Meter im Harz, im Fichtel- und Erzgebirge, im Bayerischen Wald und in den Bayerischen Alpen besiedeln. Hätten nicht Forstleute vor 150 bis 200 Jahren eine ausgeprägte Vorliebe für Fichten an den Tag gelegt.

Wo die Natur Baummischungen etwa aus Rotbuchen, Tannen und Fichten begünstigt, hier und da in Schluchten, auf Block- und Schutthalden auch Bergahorn, Bergulmen und Eschen geeignete Plätze einräumt, favorisierten Förster und Waldeigentümer Anfang des 19. Jahrhunderts *Picea abies* in Reinkultur: dicht an dicht gepflanzte Jungbäumchen des gleichen Jahrgangs und Saatgut der gleichen Spezies, als würden sie Getreide anbauen.

Die Fichte wurde zum »Brotbaum« der Forstbetriebe erklärt, zur vermeintlich sicheren, im Voraus kalkulierbaren Einnahmequelle. Denn sie schien nur nützliche Eigenschaften zu haben: Das Wild verschmäht ihre Nadeln, arme Böden machen ihr nichts aus, sie wächst zügig und bildet gerade, hohe, gleich dicke Stämme. Das rechnet sich gut.

Zugegeben, als im 19. Jahrhundert mehr und mehr Berghängen ein fichtengrünes Einheitsgewand übergezogen wurde, bedeckte es die großflächigen Narben ausgeplünderter Wälder. Holz war jahrhundertelang der wichtigste Baustoff und zugleich der wichtigste Energielieferant gewesen, etwa für Erzschmelzen, Köhlereien, Glashütten und Salinen. Regionale Industrien hatten sich dort angesiedelt, wo neue Holzreserven für die unersättlichen Brennöfen wuchsen.

55 000 Hektar Wald im Einzugsbereich der Saalach reichten bald nicht mehr aus für die neu entdeckte Solequelle in Bad Reichenhall. Also wurden Leitungen bis zu den Tochtersalinen in Traunstein und Rosenheim geführt. Denn dort gab es noch ungenutzten Wald. Mit bis zu sieben Hektar großen Kahlschlägen wurde er geerntet und verfeuert.

Nachzupflanzen und baumlose Bergflanken vor Erosion zu bewahren schien ein Gebot der Stunde. Überdies gehörte die Salinenwirtschaft zu den besten Abnehmern für Fichtenholz. Fichtenscheite erzeugen die Idealtemperatur fürs Salzsieden, während Buchen zu heiß brennen. Fichtenstämme ließen sich in den ausgebauten Bergbächen besser triften. Sie waren leicht genug, um zu schwimmen, während die schweren Buchenstämme im Wasser versanken. Noch mehr Gründe also, allein auf *Picea abies* zu setzen und mit ihren Samen oder mit den in Baumschulen herangezogenen Jungpflanzen neue Wälder zu begründen, Wälder wie aus einem forstwissenschaftlichen Lehrbuch, Wälder von Menschenhand.

Ökologisch kam das einem Fehdehandschuh gleich. Mit ihren waldbaulichen Maßnahmen forderten die damaligen Forstwirte einen formidablen Gegner heraus: die Natur. Und wie sich zeigen sollte, verzeiht sie keine Fehler. Vor allem nicht im Gebirge, in einer Landschaft, die wie kaum eine andere Austragungsort elementarer Gewalten ist.

Dass es Bergbewohnern möglich sein soll, im Schutz von Fichtenforsten sicher zu siedeln und zu leben und zugleich

STABILITÄT FÜR DIE ZUKUNFT: BEGINN EINES BERGMISCHWALDS AUS BUCHE, FICHTE, TANNE, BERGAHORN

FICHTEN ALLEIN BIETEN KEINEN SCHUTZ Bewohner und Besucher der Bayerischen Alpen vertrauen auf Bäume. Sie sollen Steinschlag, Erdrutsch und Lawinen Einhalt gebieten. Aber mindestens zehn Prozent des Schutzwaldes, 13 500 Hektar, sind heute so marode, dass sie dazu nicht mehr taugen. Der Hauptgrund: In der Vergangenheit sind zu viele Fichtenreinkulturen angelegt worden, die Orkane wie Kyrill umlegen. Von geräumten Hängen aber schwemmt Regen in kürzester Zeit die ungenutzten Nährstoffe aus, die den Neuanpflanzungen dann zum kräftigen Wachstum fehlen. Frühestens nach 60 Jahren sind sie stark genug, die Täler zu schützen. Also müssen Millionen Euro teure technische Verbauungen die Bäume ersetzen.

kahlschlagweise hohe Gewinne zu erwirtschaften, ist eine Rechnung, die nicht aufgehen kann. Nicht im Harz, nicht im Bayerischen Wald, nicht im Erzgebirge, nicht im Fichtelgebirge, wo jeden Sommer der Kampf gegen Insekten, Luftschadstoffe und das Klima verloren geht. Und ganz besonders nicht in den Bayerischen Alpen mit ihren spektakulären Szenerien, den höchsten Gipfeln, den steilsten Hängen, der größten Bergwaldfläche in Deutschland und – dem proportional größten Problem. Es heißt Schutzwald.

PROBLEM SCHUTZWALD Fangen wir mit seinen Ausmaßen an: Von den 250 000 Hektar Bergwald sind knapp zwei Drittel Schutzwald. Dessen Aufgabe soll es sein, das Leben der Menschen im Tal zu sichern samt den Gebäuden, Straßen, Eisenbahnschienen und so fort. Bäumen fällt die Rolle zu, Naturgewalten zu zähmen und mit der Kraft ihrer Stämme und Wurzeln zu verhindern, dass Lawinen, Steinschlag, Erdrutsch, Hochwasser, Überschwemmungen und Erosion überhaupt entstehen.

Doch, um gleich auf den Punkt zu kommen: Der Schutzwald bedarf seinerseits des Schutzes. 13 500 Hektar gelten als Hochrisikogebiete und müssen dringend saniert werden. Der nächste Sturm, der nächste Schnee, der nächste Eisregen, die nächste Borkenkäferkalamität könnten den lebendigen Schild herunterreißen. Wenn nichts geschieht, warnen Forstfachleute, führt *Picea abies* ins Desaster.

Schon um 1850 dämmerte den Forstwirten allmählich, dass ihre Rechnung zu viele Unbekannte enthielt und Fichtenreinkulturen am Berg keine so gute Idee sind. Auch die Holzzuwächse, auf die man gesetzt hatte, ließen zu wünschen übrig, als die Fruchtbarkeit der zuvor von Kahlschlägen und Weidewirtschaft ausgemergelten Böden verbraucht war. Dafür mehrten sich die Risiken, je älter die künstlich begründeten Forste wurden. Insekten- und

Wetterkalamitäten nahmen zu. Murenabgänge, Lawinen und Überschwemmungen forderten Menschenleben und verursachten schwere Sachschäden. Nach und nach enthüllten sich die Schwächen des Brotbaums Fichte.

Schwäche Nummer eins: Je höher Fichten wachsen, desto mehr macht ihnen der Sturm zu schaffen. Wenn der Wind sie beim Schopf packt, pendeln sie auf ihrem flachen Wurzelteller hin und her, hebeln ihn aus der Erde und stampfen den Boden darunter fest. Dabei reißen die Wurzelenden ab. Schließlich verlieren die Fichten bei starken Schwankungen den Halt und stürzen um. Unweigerlich reißen die im Verband gepflanzten Bäume die dicht neben ihnen wachsenden Nachbarn mit – lauter gleich alte, gleich hohe und gleich instabile Artgenossen. Unter dem zusätzlichen Gewicht gehen auch sie zu Boden. Auf einen Schlag können Stürme breite Schneisen ins Grün brechen. Nicht selten entwalden sie sogar ganze Hänge.

Schwäche Nummer zwei: Der künstliche Fichtenforst passt nicht ins Gebirge. Bei der Auswahl von Pflanz- und Saatgut haben Förster seinerzeit nicht sorgfältig darauf geachtet, wenigstens schlanke, spitzkronige Bergfichten einzukaufen, die den Schneelasten des Winters gewachsen sind. Ein verhängnisvoller Fehler, denn Tieflandsorten mit breiten Kronen bieten zu viel Angriffsfläche und knicken unter dem Gewicht von 400 Kilo pro Kubikmeter Nassschnee um. So klaffen bald empfindliche Lücken in der Verteidigung am Berg.

Schwäche Nummer drei: Viele Fichten machen am Berg schlapp. Bei Hangneigungen von über 30 Grad zerrt die kriechende oder gleitende Schneedecke mit enormen drei Tonnen an den Bäumen – für viele Pflanzen, besonders für die jungen, ein Todesurteil auf Raten. Jeden Winter krümmen sie sich ein bisschen mehr, bis die schwächsten schließlich brechen oder sogar aus der Erde gehebelt wer-

AUF DEM GIPFEL DES BROCKEN TROTZEN SPITZFICHTEN DEN ELEMENTEN.

LATSCHEN, HIER AN DER ZUGSPITZE, ERTRAGEN HÖHEN BIS 2500 METER.

den. Solche Ausfälle haben ernste, ja katastrophale Folgen, vor allem, wenn die gepflanzte Verjüngung aus gleich alten Schösslingen besteht und nur wenige davonkommen. Bald überzieht ein dichter Grasfilz die von Bäumen geräumten Lagen. Auf diesen glatten Gassen bahnen sich Lawinen, Steinschlag und Starkregen mit zerstörerischer Wucht einen Weg bis ins Tal.

Schwäche Nummer vier: Selbst als Puffer gegen Steinschlag schneiden die Nadelbäume schlecht ab. Wissenschaftler am französischen Forschungszentrum für Naturgefahren und Gebirgsökonomie in Grenoble haben mit Simulationen und der Rekonstruktion von realen Unfällen getestet, aus welchen Baumarten ein Schutzwald bestehen sollte. Sie müssen zäh genug sein, mächtige Brocken aufzuhalten oder wenigstens zu bremsen, wenn sie mit der Wucht eines Tempo 80 fahrenden 40-Tonners auf einen Stamm treffen. Fichten, so das Ergebnis, werden von der zerstörerischen Gewalt zerschmettert. Laubbäume dagegen halten doppelt so viel aus.

Schwäche Nummer fünf: Reine Fichtenkulturen speichern wenig Hochwasser. Zumal wenn sie auf dünnen, mageren Böden wachsen, binden sie nur 15 Prozent der Regenmenge, die Bergmischwälder mit bis zu 70 Zentimeter dicken Humusvorräten aufsaugen. Messungen ergaben, dass dichte, artenreiche Wälder zusätzlich in ihren Kronen etwa sechs Millimeter Niederschlag festhalten. Bis zu einem Drittel der jährlichen Regenmenge – in den Alpen summieren sie sich auf 1000 bis 2500 Millimeter – erreichen niemals den Waldboden. Sie verdunsten und werden ins Wettersystem zurückgeschleust. Auch dabei halten Laubbäume mit ihren großen Blättern mehr Wasser zurück als ein Fichtenforst. Vor allem das Tiefland profitiert von diesem Service des Bergwalds. Er verringert das jährliche Hochwasser um ganze 20 Prozent. Potenzielle Überschwemmungen werden an der Quelle zurückgehalten.

Im Jahr 2002 verursachte das sogenannte Jahrhunderthochwasser entlang der Elbe fast zehn Milliarden Euro Schäden. Fachleute sind sich einig, dass ein gesunder Bergmischwald im Erzgebirge die Flut um mindestens zehn Prozent abgemildert hätte.

Schwäche Nummer sechs: Fichtenforste sind buchstäblich ein gefundenes Fressen für *Yps typographus,* den Borkenkäfer. Angelockt werden die Insekten von Baumduftstoffen, die Anfälligkeit signalisieren – etwa Wassermangel bei Trockenheit, gestörter Saftfluss im flachen Wurzelsystem nach einem Sturm oder nach einem schneereichen Winter, Verletzungen durch Steinschlag. Künstliche Reinkulturen werden massenweise befallen. Denn sie versprechen reichlich Futter für die Larven. Die Käfer legen ihre Brutkammern im lebendigen Holz unter der Baumrinde an und unterbrechen dabei die Leitbahnen der Bäume. Je nach Größe der Käferschwärme sterben ganze Fichtenbestände den Tod durch Vertrocknen.

DER BERGMISCHWALD ALS WILDFUTTER Viele Forstwirte haben um 1850 ihre Lektion gelernt. Sie erkennen, wie verheerend sich die Fichtenreinkulturen auswirken. Unter dem Eindruck der heraufbeschworenen Gefahren wird 1848 das erste bayerische Forstgesetz erlassen. Es definiert unter anderem, was Schutzwald sein, was er leisten soll, und stellt große Teile des angeschlagenen Gebirgswalds unter Schutz. Programme laufen an, mit denen die am ärgsten zugerichteten Flächen nach allen Regeln des Waldbaus saniert werden sollen. Solide Bergmischwälder müssen wieder her, lautet die Botschaft. Sie wird 150 Jahre lang wiederholt und ist noch immer in den Broschüren der staatlichen Forstanstalten und in Grußworten aus dem Landwirtschaftsministerium zu lesen.

Aber ein gestörtes Ökosystem lässt sich nicht mit ein paar waldbaulichen Kniffen stabilisieren. Manche Flächen sind durch wiederholte Kahlschläge in der Vergangenheit ramponiert und der wertvollen Humusschicht samt ihrer Nährstoffvorräte beraubt. Bevor darauf jemals wieder ein Bergmischwald begründet werden kann, müssen für längere Zeit Pionierbäume wie Kiefer, Latsche, Mehlbeere und Lärche eine Humusschicht aufbauen.

Obwohl sich Generationen von Förstern 150 Jahre lang bemüht haben, das angemessene Verhältnis der Mischbaumarten wieder herzustellen und obwohl sie Buchen und Tannen und Bergahorn gepflanzt haben, konnten sie den Anteil der Fichten kaum verringern.

Und obwohl für die Sanierung des Schutzwalds mittlerweile 74 Millionen Euro aufgewendet und neue Millionen bewilligt worden sind, ist die Bilanz bei den 20- bis 40-jährigen Bäumen entmutigend: Sie bestehen zu 75 Prozent aus Fichten. Wo bleiben die gepflanzten Mischbaumarten? Und wo die unzähligen Sämlinge von Buche, Tanne, Bergahorn, die jeden Frühling dicht über dem Boden ihre Zweiblattkronen und Nadelbüschel entfalten? Warum wächst aus ihnen kein gesunder Bergmischwald heran?

In den letzten Jahren haben sich etliche Dutzend Forschungsprojekte mit dieser Frage beschäftigt und durch Experimente mit umzäunten und ungezäunten Vergleichsflächen klären können, was aus dem ungeschützten Baumnachwuchs wird. Er dient als Wildfutter. Und weil die Fichte wegen ihres Tanningehalts den Gämsen, Hirschen und Rehen am wenigsten schmeckt, bleibt sie übrig. Und so lange die Forderung »Wald vor Wild« aus Artikel 10 des bayerischen Waldgesetzes nicht umgesetzt wird, wächst der Bergmischwald weiter im Konjunktiv.

AM HANG BEI SONTHOFEN HALTEN BUCHEN TONNENSCHWERE FELSEN.

EIN INSEKT BAUT DEN WALD UM Borkenkäfer sind der Schrecken der Forstbetriebe. Das müsste nicht sein. Denn normalerweise würden die Holzfresser durch Ameisenbuntkäfer kurz gehalten. Nur gleich alte, von Stürmen und warmem Klima gestresste Fichtenreinbestände lassen die Populationen auf Kalamitätsformat anwachsen. Zu Tausenden fallen die millimetergroßen Kerbtiere geschwächte Fichten an und deponieren ihre Gelege unter der Baumrinde. Der Nachwuchs frisst sich satt an den saftführenden Zellen. Dabei entstehen Fraßgänge, die die senkrechten Leitbahnen für Nährstoffe und Wasser unterbrechen, die Fichte stirbt ab. Das Gute daran: Zu ihren Füßen wächst ein junger Mischwald heran.

IM HÖLLTAL BEI FREIBURG: EIN BERGWALD WIE AUS DEM BILDERBUCH MIT BUCHEN, BERGAHORN, ESCHEN, FICHTEN, TANNEN

TALENT ZUM DSCHUNGEL ZEIGEN BERGAHORN UND JUNGE BUCHEN AN EINER SCHLUCHT IM BAYERISCHEN WALD.

EICHENBLATT

DIE METHUSALEMBÄUME
WEGWEISER FÜR DIE WÄLDER DER ZUKUNFT

BILLIGT MAN IHNEN GENUG RAUM ZU UND GENUG ZEIT, ZEIGEN BÄUME, WOZU SIE IMSTANDE SIND. MÄCHTIGE, MARKANTE INDIVIDUEN, VON JAHREN UND ERFAHRUNGEN GEZEICHNET, MANCHMAL GEBEUGT, KNORRIG, ABER MIT JUNGEN BLÄTTERN ODER NADELN GEKRÖNT, NÖTIGEN SIE UNS EHRFURCHT AB. AN VIELEN ORTEN IN DEUTSCHLAND WERDEN SIE ZU SEHENSWÜRDIGKEITEN UND ALS AUSNAHMEN BEWUNDERT. DABEI VERFÜGEN DIE BÄUME IN UNSEREN WÄLDERN ÜBER ÄHNLICHE HERKULESKRÄFTE WIE DIESE LEBENDEN DENKMÄLER. AUCH SIE KÖNNTEN, WENN WIR SIE LIESSEN, IHREN RIESIGEN ORGANISMUS AN DIE 1000 JAHRE AUFRECHTERHALTEN.
DIE BILDER AUF DEN FOLGENDEN SEITEN ZEIGEN UNS MUNTERE BAUMGREISE, DIE BIS INS HÖCHSTE ALTER NOCH NACHKOMMEN IN DIE WELT SCHICKEN, JUNGE SÄMLINGE, AUSGESTATTET MIT DEN ROBUSTEN LANGLEBIGKEITSGENEN IHRER ERZEUGER.

ÜBER 800 JAHRE ALT UND 35 METER HOCH IST DIESE STÄRKSTE VON MEHREREN GLEICH ALTEN EICHEN BEI IVENACK

DIE 300 JAHRE ALTE SCHÄFERBUCHE, EINE GEMEINSCHAFT VON DREI BÄUMEN, HAT SCHON BLITZSCHLAG UND VERBISS ÜBERSTANDEN.

AM WESTABHANG DES HAINICH STEHT DIE 1000-JÄHRIGE SILBERBORNLINDE – INNEN MÜRBE, ABER AUSSEN SOLIDE.

AUS EIBEN WIE DIESER BEI PATERZELL FERTIGTE BEREITS »ÖTZI« SEIN BOGENHOLZ.

GESCHÄTZTE 800 JAHRE STEHT DIE BETTELEICHE IM NATIONALPARK HAINICH.

DIE METHUSALEMBÄUME

DIE ALTERSWEISEN Manche Bäume sind uns näher. Sie wachsen nicht im Wald, im Kollektiv, sondern als Solitär irgendwo in der Nachbarschaft – am Rand einer Straße, eines Ackers, in einem Park, an einem Kloster, einem Brunnen, einer Kirche oder an alten Gerichtsstätten. Einige werden in historischen Urkunden erwähnt oder tauchen als Markierung in überlieferten Karten auf. Denn sie sind alt. Viele sind Denkmäler unserer Geschichte, markante Zeugen weit zurückliegender Ereignisse. Wie Leuchtfeuer erhellen sie für uns einen schmalen Pfad in die Vergangenheit.
Unter ihren Kronen ist Recht gesprochen, an ihren Ästen sind Verurteilte gehängt worden. In ihre Rinden haben Liebende ihre Schwüre geritzt. Generationen von Kindern haben in ihrem ausladenden Geäst die ersten Kletterversuche unternommen. Solche Bäume sind uns vertraut, wie eingewachsen in unsere Biografien.
Wir erinnern uns an das Gefühl der rauen Rinde auf unseren Handflächen, an die tiefen Kerben in der Pflanzenhaut, die wir mit den Fingern erkundet haben, und an etwas wie Schaudern bei der Vorstellung, wie viele Menschen vor uns dasselbe ertastet haben und nach uns ertasten werden. Fast scheint es, als trenne uns von ihnen nur die Borke, die wir gerade berühren, und als könnten wir hindurchschlüpfen in eine magische Realität, in der Vergangenheit, Gegenwart und Zukunft eins sind.
Was uns an diesen mächtigen Pflanzen am meisten beeindruckt, ist ihr Alter, sind ihre 200, 500, ja manchmal sogar 1500 Lebensjahre, bei denen es uns die Sprache verschlägt. Bei dem Versuch, diese Zeiträume und unser Menschendasein in einem gemeinsamen Koordinatensystem unterzubringen, versagt unsere Fantasie. Auch das Geschichtsbuch ist keine rechte Hilfe. Wir lesen nach, was vor 200 Jahren war – der Wiener Kongress ordnet Europa neu –, was vor 500 Jahren stattfand – Luther schlägt seine 95 Thesen an die Schlosskirche zu Wittenberg –, und was sich vor 1500 Jahren begab – die Jüten, Angeln und Sachsen landen in England. Wie viele wichtige historische Ereignisse, wie viele Menschenleben rauschen in raschem Takt vorüber, während einzelne Linden, Eichen, Buchen und Eiben einen Ast nach dem anderen bilden, um ihre Kronen abzurunden, und den Stamm am Fundament verdicken, damit die Statik stimmt. Sie haben alle Zeit der Welt.

BESCHEIDENE WELTREKORDHALTER Vielleicht erschreckt uns der Tempovergleich zwischen Baumleben und Menschenleben. Trotzdem gibt er nichts von dem preis, was uns vor allem interessiert, nämlich: Weshalb leben Bäume so viel länger als wir, die Krone der Schöpfung, die jüngste, beste Entwicklung der Evolution? Und: Wie stellen die Grünblüter es an, so alt zu werden?
Eine rundum befriedigende Antwort auf die Weshalb-Frage hat die Wissenschaft bisher nicht zu bieten. Viele Beobachtungen sprechen dafür, dass vor allem große Lebewesen mit wenigen oder keinen natürlichen Feinden ein hohes Alter erreichen. Bäume erfüllen diese Bedingungen geradezu exemplarisch. Kein Lebewesen auf unserem Planeten wird größer als sie. Daraus folgt nach den Gesetzen

der Logik, dass auch keines älter wird als der älteste Baum. Und so ist es tatsächlich. In beiden Disziplinen, sowohl hinsichtlich Größe als auch Alter, halten die Holzpflanzen den Weltrekord. Dasselbe gilt in der Gewichtsklasse. Auch dort räumen Bäume die Spitzenpositionen ab. Allein der Stamm des 83 Meter hohen General Sherman, eines Riesenmammutbaums *(Sequoiadendron giganteum)* in der Sierra Nevada, wiegt so viel wie 15 ausgewachsene Blauwale. Welches Lebewesen wollte dagegen antreten?

Als ältester Baum der Welt galt lange Zeit eine 4844-jährige Westliche Grannenkiefer *(Pinus longaeva)* im Wheeler Park des US-Bundesstaats Nevada. Bis auf dem Fulufjell in Schweden eine 9550 Jahre alte *Picea abies* entdeckt wurde. Nur dass der neue Rekord einen Makel hat. Die Fichte ist nämlich nicht aus einem befruchteten Samen gewachsen. Sie ist der vegetative Ausläufer eines jahrtausendealten Wurzelgeflechts, das unterirdisch am Leben bleibt und neu austreibt, wenn der oberirdische Teil abstirbt. Die Fichte selbst ist ein Klon und existiert als solcher erst seit lächerlichen sechs Jahrhunderten.

Vermehrung ohne Sex ist bei Bäumen nicht selten. Klone bilden sich beispielsweise dann, wenn Äste etwa von Schnee zu Boden gedrückt werden, Wurzeln schlagen und fortan ein Eigenleben führen. Die älteste und mit 43 Hektar wahrscheinlich größte Klonkolonie besteht aus 47 000 genetisch identischen Zitterpappeln. Sie wachsen im US-Bundesstaat Utah, am Westrand des Colorado-Plateaus. Einzelne Bäume der Gemeinschaft sterben jung, etwa nach etwa 130 Jahren. Aber das Wurzelsystem, das für vegetativen Nachwuchs sorgt, soll 80 000 oder sogar eine Million Jahre alt sein.

Dendrochronologen bezeichnen das, was oberflächlich betrachtet wie ein Wald wirkt, als ein einziges Lebewesen. Womit sich die Gelegenheit für einen weiteren Superlativ bietet: Der Organismus ist mit 6000 Tonnen Gewicht der (vorläufig) schwerste Organismus der Welt.

Längst haben wir das unergiebige Terrain der Weshalb-Frage verlassen und befinden uns im mehr versprechenden Gebiet des Wie-machen-sie-das. No Sex gehört offenbar zu den möglichen, wenn auch eintönigen Strategien, ein extrem hohes Alter zu erreichen und sich per Ausläufer zu verjüngen. Ein Egotrip, bei dem Langlebigkeit so weit auf die Spitze getrieben wird, dass sie von der Unsterblichkeit nicht mehr zu unterscheiden ist.

UND WENN SIE NICHT GESTORBEN SIND ... Ewiges Leben soll übrigens allen Baumarten möglich sein. Jedenfalls schließen Forscher nicht aus, dass die mächtigen Holzpflanzen endlos weiter vegetieren, wenn sie nicht durch äußere Einwirkungen wie Feuer, Sturm, Krankheit, Dürre, Insektenkalamitäten und Sägen umkommen. Das gilt auch für die sogenannten Pionierbaumarten wie etwa die Birke. Bei der Besiedlung freier Flächen oder von Lücken im Wald gehört sie zu den Ersten. Doch sobald andere Baumarten heranwachsen und die Birken mit ihren Kronen beschatten, stirbt der Pionier – an Lichtmangel, und nicht etwa weil er seine biologische Altersgrenze erreicht hätte, wie Forstwissenschaftler lehren.

VON DEN JAHREN GEZEICHNET, ABER MIT FRISCHEM LAUB: EINE ULME BEI SPECK

DAS ERBE DER ALTEN Die Renditeerwartungen vieler Forstbetriebe führen dazu, dass vor allem schnellwüchsige Bäume bevorzugt und immer jünger geerntet werden. Ehe Kalamitäten den Gewinn schmälern. So erfahren wir nie, welche Eigenschaften in ihnen stecken, wie sie, was wichtig zu wissen wäre, mit Klimaumschwüngen fertig werden und welche Waldgesellschaften uns verlässlich in die Zukunft begleiten können. Beispiele von Einzelbäumen, die viele Jahrhunderte der Veränderung überdauert haben: ein 1786 in Hamburg gepflanzter Bergahorn, eine Vogelkirsche am Vogelsberg, eine Schwarzpappel bei Bregenz am Bodensee und die »Dicke Tanne« im Watzlikhain, der stärkste Baum im Bayerischen Wald.

Überhaupt spricht vieles dafür, dass die standardisierten Angaben zur Lebenserwartung unserer Baumarten auf falschen Annahmen beruhen – und obendrein stark von den Ernteerwartungen der Forstwirte beeinflusst sind. Sie hoffen, die drohenden Schadensrisiken durch Stürme und Insektenplagen zu vermeiden, indem sie ihre Bestände in der Jugend umsägen – Fichten beispielsweise, die laut offiziellen Angaben 600 Jahre erreichen, werden als 60- bis 100-Jährige geerntet.

Zwangsläufig wird unser Bild vom Wald durch solche Umtriebszeiten geprägt, d.h. durch die vom Standpunkt der Wirtschaftlichkeit bemessene Lebensdauer der im Forst wachsenden Holzpflanzen. Wir Laien erblicken daher beim Spaziergang durch den Wald vorwiegend junge Bäume – das Durchschnittsalter im deutschen Forst liegt bei 77. Dass auch sie, wie die mächtigen Solitäre, das Zeug dazu haben, eineinhalb Jahrtausende zu erreichen und noch immer in jedem Frühling zu ergrünen und ihre Blattoberflächen nach der Sonne auszurichten, können wir uns nur schwer vorstellen. Wir halten die betagten Veteranen für Ausnahmen, für Bäume, die durch einen idealen Standort begünstigt sind.

Das Gegenteil ist richtig. Bei Bäumen geht Langlebigkeit mit ökologisch grenzwertigen Wuchsorten einher. Typische Beispiele sind Lärchen und Zirben an der alpinen Baumgrenze. Sie ertragen, seit sie im 13. Jahrhundert gekeimt sind, magere Felsböden, Stürme, Schneelasten und kurze Vegetationszeiten zwischen Winterende und Winteranfang. Die Sonnenenergie reicht gerade so eben aus für eng aneinander gedrängte Jahresringe. Die Nadelbäume sind zerzaust, gebeugt vom Wind, aber nicht etwa altersstarr. Im Gegenteil: Gegenwärtig reagieren sie munter auf das wärmer werdende Klima.

Am eigenwilligen Wuchs, an den Kerben, Narben und Wülsten der in diesem Kapitel porträtierten Methusalems zeigen sich ihr Baumcharakter, das für jede Art Typische, und die individuelle Persönlichkeit, die Summe ihrer Lebenserfahrungen. Als Idealtypen unserer heimischen Bäume demonstrieren die lebenden Denkmäler, wie es in unseren Wäldern aussehen könnte, würden sie nicht als Kinderstuben bewirtschaftet. Rotbuchen, Bergahorne, Ulmen, Eschen, Eichen, Linden, Eiben, Tannen – sie alle könnten zu knorrigen Alten heranwachsen und ihre genetischen Möglichkeiten, etwa lange zu leben, stabile Waldgesellschaften zu bilden und mit Klimastress fertig zu werden, an Sämlinge weitergeben. Zu unser aller Vorteil.

Nicht minder profitieren wir davon, dass Wälder mit vielen mächtigen alten Bäumen sogenannte Kohlenstoffsenken sind. Bei der Photosynthese wandeln die Holzpflanzen das Kohlendioxid aus der Luft – jenes Treibhausgas, das wir als Industrienation zu viel produzieren – in Kohlenstoff um. Den speichern sie in ihrem Holzkörper. Je mächtiger der Baum, je dichter sein Holz, umso mehr bindet er.

Untersuchungen an ungestörten Laubmischwäldern im Nationalpark Hainich räumen mit der Vorstellung auf, alte Bäume seien »überreif, vergreist, im Stadium des Verfalls« und kämen als Speicher für Treibhausgas nicht infrage. In Langzeitstudien haben Forscher des Max-Planck-Instituts für Biogeochemie vielmehr nachgewiesen, dass gerade natürlich strukturierte Wälder mit mehrhundertjährigen Bäumen weiter in großem Stil Sonne in Holz umwandeln – und damit unsere Kohlendioxidschuld verringern.

IM FAULEN ORT DÜRFEN BÄUME SO LANGE WACHSEN, WIE SIE KÖNNEN, UND AUFRECHT STERBEN.

DASS ALTE BÄUME HÖHLEN BILDEN, ist von unzähligen Waldtieren entdeckt worden. Auf der ständigen Suche nach sicheren Brutplätzen oder Verstecken haben sie erkannt, wie nützlich diese Nischen sind. Verwitterte Astlöcher werden von Spechten ausgebaut, bis der Platz für den Nachwuchs reicht. Dankbare Nachmieter sind Raufuß- und Sperlingskäuze. Auch Haselmäuse verschlafen darin gern den Tag und sparen sich die Arbeit, aus Zweigen, Blättern und Moos einen eigenen Kobel zu bauen. Nachmieter wie die Fledertiere ziehen erst ein, wenn Baumpilze, Holzfresser und die Witterung den Hohlraum vergrößert haben. Auch der Große Goldkäfer bevorzugt geräumige Höhlen für seine dreijährige Entwicklung. Vor allem braucht er viel Mulm, aus dem er die harten Puppenwiegen herstellt.

RAUFUSSKÄUZE beziehen oft die von Schwarzspechten gezimmerten Baumhöhlen.

SPERLINGSKÄUZE sind Zwerge unter den Eulen, aber aggressive Verteidiger ihres Reviers.

SUMPFMEISEN jagen in der Kronenschicht nach Insekten für die hungrige Brut.

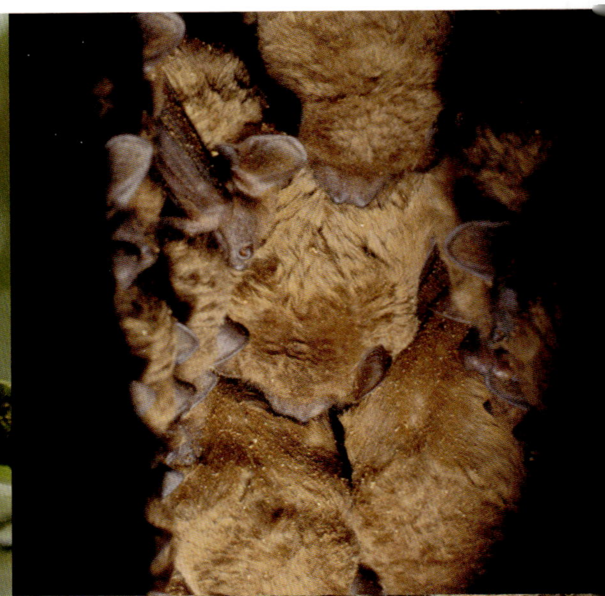

GROSSE ABENDSEGLER halten Winterruhe in einer geräumigen Höhle.

MOPSFLEDERMÄUSE wechseln täglich mehrfach ihre Quartiere.

BECHSTEINFLEDERMÄUSE
jagen wie viele
Fledertiere nach Insekten.

GROSSE GOLDKÄFER
brauchen alte Eichen mit
viel Mulm für ihre Larven.

SELBST GEBAUTE Kobel
sind die Tagesquartiere
der Haselmäuse.

WOHNUNGSNOT lösen die
Trauerschnäpper, indem sie
Buntspechthöhlen beziehen.

GROBE Rinden und Totholz
sichern den Mittelspechten
ausreichend Insektenkost.

DAS NATURRESERVAT WALDHAUS IM STEIGERWALD IST BERÜHMT FÜR PRACHTEXEMPLARE WIE DIESE 300-JÄHRIGE BUCHE.

NATURRÄUME DES WALDES – ■ Tieflandwald, 0 bis 200 Höhenmeter ■ Mittelgebirgswald, 300 bis 800 Höhenmeter ■ Bergwald ab 800 Höhenmeter

WALDSCHUTZ IN DEUTSCHLAND – BUNDESLÄNDER IM VERGLEICH – Das Diagramm zeigt, wie weit die Bundesländer das in der Biodiversitätsstrategie von 2007 zugesagte »Waldziel: 5 Prozent Prozessschutz« realisiert haben. Die Berechnungen basieren auf Angaben über Waldflächen in Großschutzgebieten, die einen ähnlich hohen Schutzstatus haben wie etwa Nationalparks und Totalreservate.

Daten: BfN, Grafik: Greenpeace

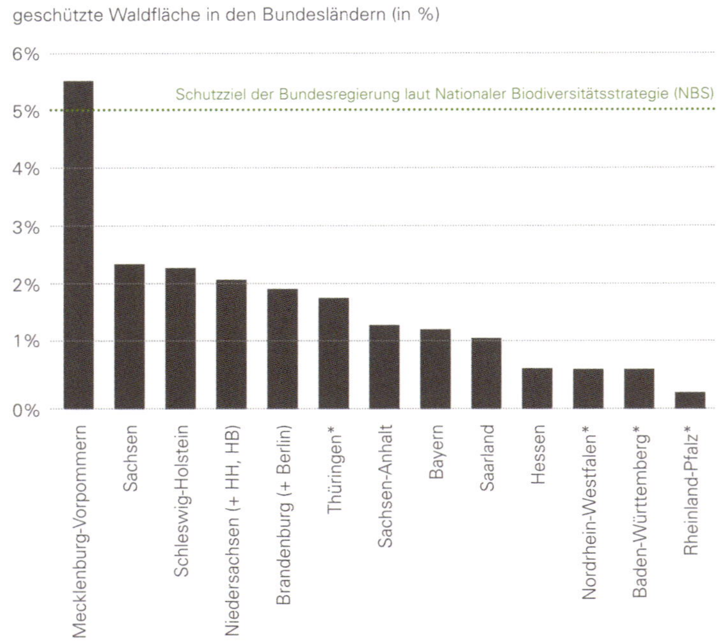

*Die Regierungen dieser Bundesländer diskutieren derzeit über die Einrichtung neuer Großschutzgebiete und könnten so ihre Flächen an geschützten Wäldern steigern.

TYPISCHE WALDGESELLSCHAFTEN – Aus welchen Baumarten sie von Natur aus bestehen könnten (Diagramm 1), verglichen mit den heute vorherrschenden Hauptbaumarten (Diagramm 2)

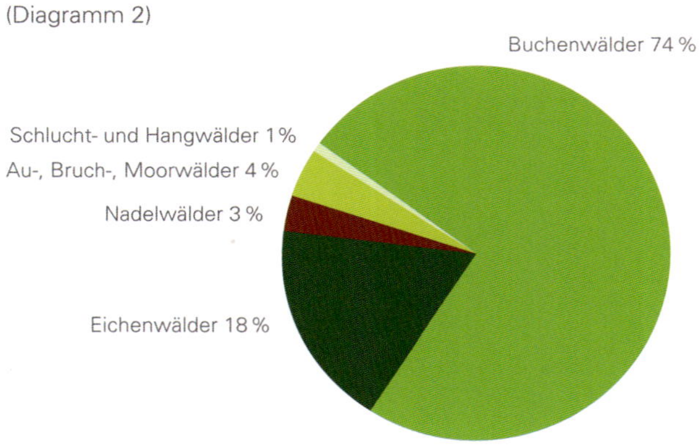

DIAGRAMM 1

DIAGRAMM 2

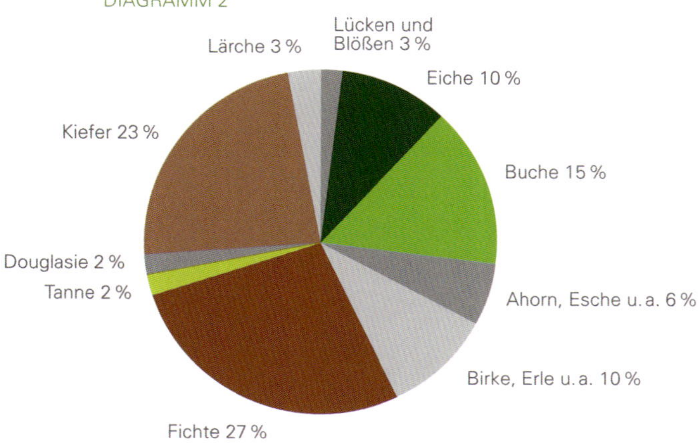

WIE ALT SIE WERDEN – Nicht alle Bäume erreichen das gleiche Alter. Es gibt artspezifische Unterschiede und individuelle. Was in der Natur gilt, trifft auf die Bäume im Forstbetrieb allerdings nicht zu. Sie sterben viel früher und genau nach Plan.

Baumarten	Natürliches Alter in Jahren (max.)	Durchschnittl. Alter in der Forstwirtschaft (Umtriebszeit)
Eiche	800 (1400)	180–300
Bergahorn	500	120–140
Bergulme	400	120–140
Esche	300	100–140
Schwarzpappel	300	30–50
Rotbuche	300	120–140
Spitzahorn	150	100–120
Weißbuche	150	60–100
Schwarzerle	120	60–80
Birke	120	60–80
Winterlinde	700–800 (1000)	120–140
Sommerlinde	1000	120–140
Fichte	200–300 (600)	80–120
Kiefer	200–300 (600)	100–120
Lärche	200–400 (800)	100–140
Tanne	600	90–130
Douglasie	700 (1000)	60–100
Eibe	650–750 (1000)	keine Angaben

WEM GEHÖRT DER DEUTSCHE WALD? – Ein Drittel unseres Staatsgebiets, 11 Millionen Hektar, ist mit Wald bedeckt. 43 Prozent davon gehören zwei Millionen Privatwaldbesitzern (Diagramm 1). Mehr als die Hälfte dieses Privateigentums, nämlich 2,8 Millionen Hektar, sind kleiner als 20 Hektar (Diagramm 2).

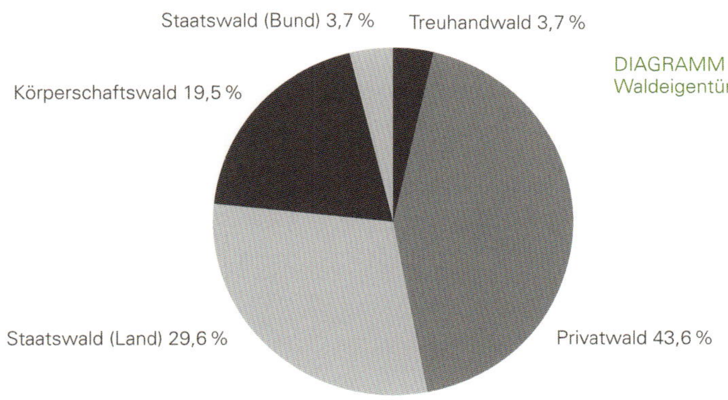

DIAGRAMM 1
Waldeigentümer

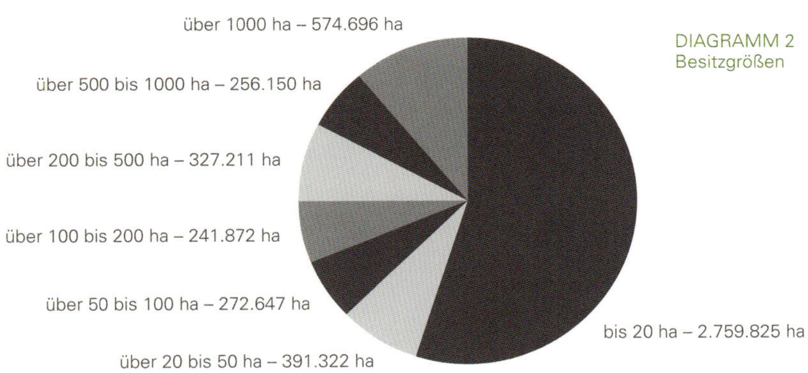

DIAGRAMM 2
Besitzgrößen

WIE VIEL WALD PRO BUNDESLAND? – Jedes Land hat sein eigenes Landesforstgesetz. Auch die Flächen unterscheiden sich zum Teil stark.

In Hessen und Rheinland-Pfalz ist beispielsweise der Anteil des Waldes an der Gesamtfläche mit 42 Prozent am größten.

Die Flächenländer Brandenburg, Bayern, Baden-Württemberg und Niedersachsen haben dagegen die größten Waldgebiete.

In dicht besiedelten Regionen wie Hamburg, München, Berlin und dem Ruhrgebiet gibt es nur wenig Wald.

Bundesland	in Hektar	in Prozent
Baden-Württemberg	1.362.229	38,1
Bayern	2.558.461	36,3
Brandenburg & Berlin	1.071.733	35,3
Hamburg	3400	5,0
Hessen	880.257	41,7
Mecklenburg-Vorp.	534.962	23,1
Niedersachsen	1.162.522	23,8
Nordrhein-Westfalen	887.550	26,0
Rheinland-Pfalz	835.558	42,1
Saarland	98.458	38,3
Sachsen	511.578	27,8
Sachsen-Anhalt	492.128	24,1
Schleswig-Holstein	162.466	10,3
Thüringen	517.903	32,0
Deutschland insgesamt:	11.075.799	31,0

OFFIZIELLE FORSTPLANUNG DER DEUTSCHEN BUNDESREGIERUNG – Wie heißt es so schön in der »Nationalen Strategie zur biologischen Vielfalt«: *Aus ökologischer Sicht besonders wertvolle alte Wälder (mit Bäumen im Alter von mehr als 180 Jahren) sind mit ca. 2% Anteil an der Waldfläche kaum mehr vorhanden. Die für natürliche Wälder typische biologische Vielfalt ist aufgrund dieser Situation gefährdet … Wir streben Folgendes an: … Besonderen Schutz alter Waldstandorte.*

Das Diagramm zeigt dagegen, dass, entgegen der Ankündigung oben, ausgerechnet alte Bäume (über 140 Jahre) bis 2020 geschlagen werden sollen.

Quelle: The United Nations Climate Change Conference, Durban.

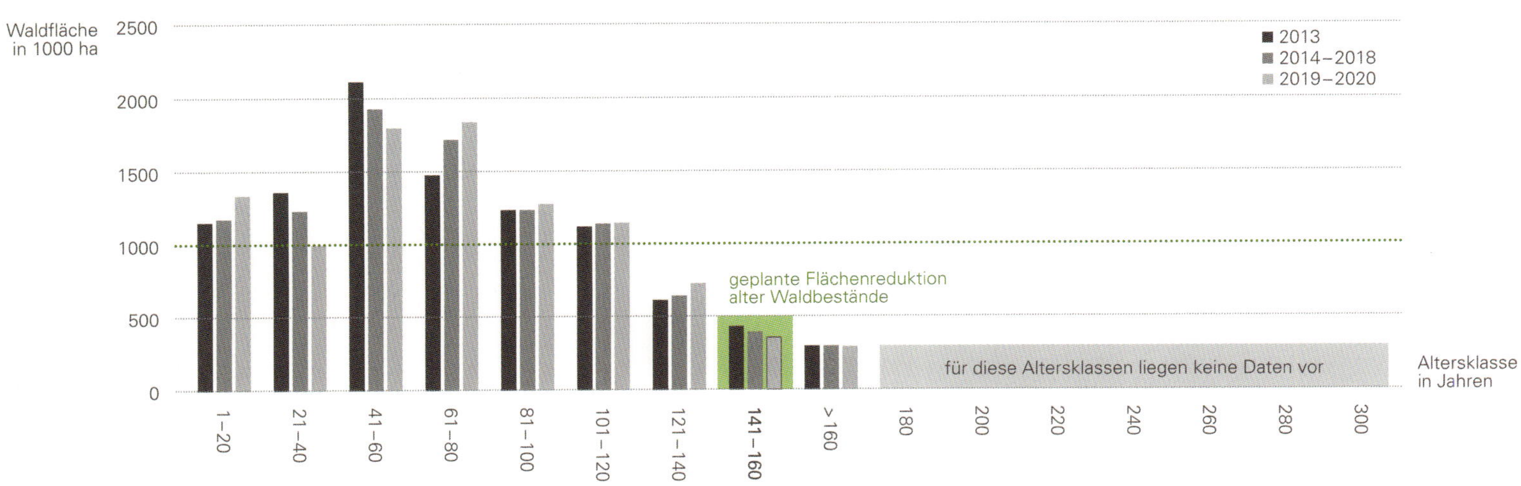

ALTERSKLASSENWALD – Forstwirte schätzen Ordnung. Regelmäßig wie auf einem Schachbrett werden gleichaltrige, meist auch gleichartige Bäume gepflanzt. Das erleichtert deren Pflege und die mechanisierte Ernte per >Kahlschlag. Ziel dieser Betriebsform ist ein ausgeglichenes Verhältnis zwischen verschiedenen Altersklassen. 1- bis 20-jährige Bäume (Altersklasse 1), 20- bis 40-jährige Bäume (Altersklasse 2) und so fort sollen im Forst jeweils gleich stark vertreten sein und so die >Nachhaltigkeit der Holzproduktion gewährleisten. Das bedeutet: so viel hinterlassen, wie vorgefunden wurde. Eine Schwäche künstlich begründeter Altersklassenwälder ist ihre Gleichförmigkeit auf großer Fläche. Nischen für waldtypische Tiere und Pflanzen fehlen. Aber auch den >Reinbeständen wirtschaftlich bevorzugter Fichten und Kiefern geht es schlecht. Der Klimawandel setzt ihnen zu. Sie erleiden >Kalamitäten. Sturm, >Schneebruch und Insektenfraß nehmen zu. Forstbetriebe orientieren sich daher um. Aus >Monokulturen sollen solide >Dauermischwälder werden.

AUFFORSTEN – Kahlflächen im Forst, etwa nach Sturmschäden, werden mit jungen Bäumen bepflanzt oder besät. Im Gegensatz zur natürlichen >Verjüngung bildet ein auf diese Weise begründeter >Bestand kein Ökosystem.

BESTAND – Ein waldbaulich selbstständiger Waldteil. Er ist aufgrund seiner Größe (mehr als ein Hektar) und Form die kleinste Einheit waldbaulichen Handelns.

BODENREINERTRAGSLEHRE – Der am Gewinn orientierte Ansatz der Forstwirtschaft kam im 19. Jahrhundert auf und ist, wie in manchen Forsten zu sehen, keineswegs überwunden. Das Ziel ist eine maximale Verzinsung des Bodenkapitals. Dem müssen sich die Anbaumethode und die Wahl der Baumarten unterordnen. Der wie ein großer Acker angelegte >Altersklassenwald, samt Beständen aus einer einzigen Baumart und Kahlschlagbetrieb, verspricht die höchsten Einnahmen – wenn die Schäden durch Sturm, Feuer und Insektenbefall nicht mitgerechnet werden.

BORKENKÄFER – Zu dieser Unterfamilie der Rüsselkäfer gehören etwa 150 Arten. Die hierzulande bekannteste und in Forstbetrieben am meisten gefürchtete Spezies heißt *Yps typographus*, der Buchdrucker, benannt nach dem Muster der Larvengänge im Bastgewebe befallener Bäume. Diese Rindenbrüter treten besonders dort massenhaft auf, wo Reinkulturen der Fichte auch massenhafte Brutplätze für den Nachwuchs bieten.

BRUSTHÖHENDURCHMESSER – Der Durchmesser eines Baumes in 1,30 Metern Höhe.

BUNDESWALDINVENTUR (BWI) – Eine stichprobenweise Bestandsaufnahme der deutschen Waldverhältnisse und forstlichen Produktionsmöglichkeiten. Sie erfasst die vorkommenden Baumarten, Altersstrukturen, Wachstums- und Besitzverhältnisse und die Holzvorräte. Wiederholungen der Inventur – an denselben permanenten Probepunkten – führen zu Erkenntnissen über Veränderungen im Wald, etwa über die Höhe des potenziellen Rohholzaufkommens. Die gesammelten Daten liefern das Ausgangsmaterial für forstliche, wirtschaftliche und umweltpolitische Entscheidungen. Im Internet werden die BWI-Ergebnisse der Vergangenheit vorgestellt unter: *http://www.bundeswaldinventur.de/enid/f39077d3025ff69f00d456777fb9213d,0/2w.html*

DAUERMISCHWALD ODER DAUERWALD – Eine Form des >Waldbaus, mit der ihr Erfinder, der Forstwissenschaftler Alfred Möller, die Forstwirtschaft 1922 reformieren wollte. Nach seinem Dafürhalten muss der Wald dauerhaft als »Waldorganismus«, also als biologisches Produktionssystem, erhalten werden. Dazu gehören schonende Einzelbaumnutzung, Schutz und Pflege des Bodens und seiner Lebewesen, >Mischwälder und kleine Wildpopulationen, damit junge Holzpflanzen möglichst ohne Verbiss aufwachsen. Die Umsetzung in die Praxis scheitert allerdings noch immer am Widerstand derjenigen, die den >Altersklassenwald nicht aufgeben und den Wildbestand nicht auf ein waldverträgliches Maß reduzieren wollen. Dennoch gilt diese Form des Waldbaus als bestes Rezept gegen die Auswirkungen des Klimawandels.

DURCHFORSTUNG – Im Wirtschaftswald wird das Wachstum der Bäume nicht der Natur überlassen. Förster fördern die gewünschten Arten, sobald sie ein mittleres Alter erreicht haben, indem sie Bäume mit Qualitätsmängeln fällen – auch wenn diese besonders vital sind. Solche Konkurrenten beanspruchen Platz, Nährstoffe und Licht, heißt es, und hindern die Hauptbaumarten daran, in angemessener Zeit die angestrebte >Zielstärke oder Hiebsreife zu erreichen.

EROSION – Abtrag des Bodens durch Wasser oder Wind. Jeder Abtrag verringert die Bodenfruchtbarkeit.

HIEB – Das Fällen von Bäumen im Wald. Die Fläche des Hiebs wird Schlag genannt. Der Hieb kann der Pflege des Waldes dienen oder der Ernte von Bäumen, die ihre >Zielstärke erreicht haben.

HOCHWALD – Bei dieser gebräuchlichen Betriebsart sind alle Bäume eines >Bestandes aus Samen gewachsen und nicht durch >Stockausschläge wie der >Niederwald.

HOLZBODEN – Eine Waldfläche, auf der Holz erzeugt werden kann. Dazu gehören beispielsweise auch Waldwege, Gräben, Schneisen und >Rückegassen.

HUMUS – Tote organische Stoffe auf oder im Waldboden. Sie bestehen überwiegend aus Blättern, die im Herbst abgefallen sind, aus Nadeln, abgestorbenen Bodenpflanzen, Zweigen, Rindenstücken, Zapfen, Knospenschuppen, Baumfrüchten, Tierkadavern und aus Kot von Regenwürmern. Humus wird ständig durch Bakterien, Pilze und Kleinlebewesen zersetzt und in anorganische Stoffe umgewandelt. Die so aufbereiteten Nährstoffe können von Pflanzenwurzeln aufgenommen werden. Die Art des Humus und das Tempo, mit dem organische Stoffe zersetzt werden, ist für die Leistungsfähigkeit eines Waldes entscheidend. Milder Humus (Mull oder Moder) zersetzt sich rasch, saurer Humus (Roh- oder Auflagenhumus) nur langsam.

KAHLSCHLAG – Die Ernte sämtlicher Bäume auf einer Fläche. Das Waldinnenklima geht verloren. Der Stoffwechsel der Bodenlebewesen wird durch Sonneneinwirkung beschleunigt, die Humsschicht wird rascher mineralisiert. Aber die Jungpflanzen der aufgeforsteten Fläche können die plötzlich verfügbaren Mengen nicht aufnehmen. Die Folge: Nährstoffe werden ausgewaschen und gelangen ins Grundwasser.

KALAMITÄT – Mit diesem forstlichen Begriff werden katastrophale Schäden umschrieben. Er wird bei massenhaft auftretenden Insekten ebenso angewendet wie bei >Schneebruch und Sturm, die Bäume großflächig vernichten.

KÖRPERSCHAFTSWALD – Nicht nur der Staat und nicht nur Privatpersonen können Wald besitzen. 19,5 Prozent des deutschen Walds gehören Städten, Gemeinden, Gemeindeverbänden, Zweckverbänden oder sonstigen Körperschaften, Anstalten und Stiftungen des öffentlichen Rechts.

KRONENVERLICHTUNG – Gestresste Bäume büßen Blätter bzw. Nadeln ein. Solche Abweichungen von der normalen Laubfülle signalisieren Störungen. Woran der Baum leidet, ist nur durch zusätzliche Untersuchungen herauszufinden. Der >Waldzustandsbericht von 2011 stellt insgesamt eine Verschlimmerung der Kronenverlichtung fest: Nur 37 Prozent aller Bäume sind ohne Schaden. 2010 waren noch 38 Prozent gesund. Beispiele sind im Internet zu finden unter: *http://www.bmelv.de/SharedDocs/Standardartikel/Landwirtschaft/Wald-Jagd/WaldBodenZustand/Waldzustand2011.html*

KULTUR – Im Gegensatz zu einem durch natürliche >Verjüngung entstandenen Wald wird der von Menschen gesäte oder gepflanzte als Kultur bezeichnet.

LAWINE – Abgänge von Lawinen werden im Lawinenkataster des Bayerischen Landesamts für Wasserwirtschaft erfasst, sobald sie

Verkehrswege, Gebäude oder Skipisten bedrohen. Bergwälder sollen die Menschen, die im Gebirge wohnen oder dort Urlaub machen, vor >Lawinen schützen. Trotzdem gehen immer öfter Schneemassen im Bergwald ab und markieren das Ende seines Schutzes.

LICHTBAUMARTEN – Pappeln, Kiefern, Lärchen, Eichen, Birken, Eschen und Weiden können ohne volle Sonne nicht gedeihen. Sie gehören zu den rasch in die Höhe schießenden Pionieren, die freie Flächen im Wald oder am Waldrand als Erste besetzen.

MAST – Damit ist die Samenproduktion der Waldbäume gemeint. Der Ausdruck stammt aus dem Mittelalter, als Eicheln und Bucheckern bei der Schweinemast eingesetzt wurden. Besonders ergiebige Samenjahre bei Buche und Eiche – sie kommen alle drei bis zehn Jahre vor – werden daher als Mastjahr bezeichnet. Je Quadratkilometer Eichenwald werden in Mastjahren durchschnittlich 500 Tonnen Eicheln erzeugt, je Quadratkilometer Buchenwald rund 100 Tonnen Bucheckern. Eine 120-jährige Eiche trägt in einem Mastjahr etwa 50 Kilogramm Eicheln.

MISCHWALD – Ein Wald aus mehreren Baumarten. Oft ergänzen die einzelnen Spezies sich in ihren Eigenschaften. Einige begünstigen beispielsweise die Durchwurzelung des Bodens und geben dadurch auch den Begleitbaumarten genug Stabilität, um Stürmen und >Schneebruch standzuhalten.

MITTELWALD – Diese Waldvariante besteht aus zwei Baumetagen. Bäume, deren >Stockausschläge etwa für den Brennholzbedarf geerntet werden wie im >Niederwald, bilden die Unterschicht. Die Oberschicht besteht aus Baumarten, die nur wenig Schatten werfen – wie Eichen, Eschen, Ahorne, Ulmen und Kirschen, manchmal auch Kiefern und Lärchen.

MONOKULTUR – Vor etwa zwei Jahrhunderten haben sich forstliche Theoretiker die Anbauweise der Landwirtschaft zum Vorbild genommen und empfohlen, auf großen Flächen nur eine einzige Baumart anzupflanzen. Trotz der sich häufenden >Kalamitäten in >Reinbeständen von Kiefern und Fichten haben Forstwirte bis in die Gegenwart solche ackerbaulichen Methoden bevorzugt. Erst neuerdings scheint sich eine Wende zum stabilen >Mischwald abzuzeichnen.

MYKORRHIZA – Mit diesem Begriff aus dem Griechischen bezeichnet man eine Baumwurzel, die von Pilzfäden umhüllt ist. Die Mykorrhiza ist ein Organ, in dem Stoffe zwischen Baum und Pilz ausgetauscht werden. Der Baum versorgt eine oder mehrere Mykorrhizapilzarten mit dem Photosyntheseprodukt Zucker und erhält seinerseits verschiedene Nährstoffe wie Stickstoff und Phosphor, die die feinen Pilzfäden aus den kleinsten Bodenporen aufnehmen.

NACHHALTIGKEIT – Die Helsinki-Resolution von 1993 definiert Nachhaltigkeit ganz im Sinne Alfred Möllers als Nutzung von Wäldern in einem Ausmaß, das deren biologische Vielfalt, Produktivität und Verjüngungsfähigkeit ebenso gewährleistet wie die ökologischen, wirtschaftlichen und sozialen Funktionen.

NATURGEMÄSSE WALDWIRTSCHAFT – Anders als die Befürworter der Kahlschlagwirtschaft lehnen Vertreter der naturgemäßen Waldwirtschaft naturwidrige Eingriffe in den Wald ab. Verpönt sind >Kahlschläge, Holzplantagen, >Monokulturen und aufwendige Kunstverjüngungen, Großmaschinen und Pestizide. Durch natürliche >Verjüngung und intensive Bejagung soll Artenvielfalt im Wald gesichert und entwickelt werden. Siehe auch >Dauermischwald.

NIEDERWALD – Er erneuert sich immer wieder durch >Stockausschläge aus dem Wurzelstock geernteter Bäume. Für diese älteste Form geregelter Waldnutzung sind viele Laubbaumarten geeignet, darunter etwa Eiche, Hainbuche, Bergahorn, Robinie, Schwarzerle, Esche, Ulme, Weide und Linde. Die nachwachsenden Bäume werden alle 20 bis 40 Jahre geerntet.

PIONIERBAUMARTEN – Auf freien Flächen innerhalb oder außerhalb des Waldes stellen sich als erste jene Baumarten ein, die an die Bedingungen des Wuchsortes angepasst sind. Die leichten Samen von Weiden, Espen, Erlen und Birken verbreitet der Wind. Vogelbeeren werden am künftigen >Standort – wie der Name verrät – durch Vögel ausgeschieden. So kommen diese Bäume vor anderen in neu entstandenen Lücken an. Das Laub von Pionieren zersetzt sich rasch und bildet >Humus, dessen Nährstoffe den Bäumen rasch wieder zur Verfügung steht.

PLENTERWALD – Bäume jeden Alters, jeder Höhe und jeder dem >Standort angepassten Art stehen auf kleiner Fläche beieinander. Sie sind das Ergebnis eines forstlichen Idealbetriebs. Hiebreife Exemplare werden als Einzelstämme geerntet. Dadurch entsteht Platz für Nachbarbäume. Sie können breitere Kronen bilden und Vorräte aufbauen. Außerdem fällt Licht auf den frei gewordenen Waldboden und stimuliert die im Schatten auf ihre Chance wartenden Jungbäume zum Wachsen. Plenterwälder haben vitale Böden und erwirtschaften höhere Gewinne als etwa der >Altersklassenwald.

PRIVATWALD – 46 Prozent der gesamten deutschen Waldfläche befinden sich in Privatbesitz. Zum Vergleich: In Österreich und Frankreich ist dieser Anteil weit höher, nämlich 82 Prozent und 75 Prozent.

REINBESTAND – Trotz der seit Langem beschworenen Abkehr von dieser labilen Form des Wirtschaftswalds besteht beispielsweise ein Drittel der bayerischen Staatsforste aus Fichtenreinbeständen. Das sind 208 000 Hektar einer einzigen Baumart, die außerhalb ihres natürlichen Verbreitungsgebietes wächst und durch das geänderte Klima noch zusätzlich belastet ist.

RÜCKEGASSEN – Schwere Geräte können im Wald erhebliche Ernteschäden verursachen. Im Extremfall büßt der Boden für viele Jahrzehnte, ja sogar für Jahrhunderte seine Funktionen ein und verliert seine Ertragskraft. Durch das Gewicht der Maschinen wird der Boden verdichtet, seine Fähigkeit, Wasser zu speichern, verringert sich, die Feinwurzeln der Bäume reißen ab. Letztere stehen nicht mehr stabil und können beim nächsten Sturm umfallen. Dazu kommen die Verletzungen an stehenden Waldbäumen durch Rückemaschinen und Baumstämme. Damit gefällte Bäume schonend aus dem Wald geholt werden können, müssen permanente Korridore angelegt und gekennzeichnet werden, auf denen Erntemaschinen wie etwa Harvester fahren.

SCHALENWILD – Ein Sammelbegriff der Jägersprache für Tiere, deren Hufform schalenförmig aussieht. Gemeint sind Rot-, Reh-, Dam-, Muffel-, Sitkawild, Gämsen und Wildschweine.

SCHÄLSCHADEN – Rot-, Dam-, Muffel- und Sitkawild frisst die Rinde von jüngeren Nadel- und Laubbäumen. In die Wunden dringen Pilze ein, die Fäulnis verursachen können. Manchmal bleibt nur eine Narbe zurück. Auf jeden Fall entsteht eine Schwachstelle, an der die Stämme umbrechen. Beides, Rotfäule und Narben, entwertet die betroffenen Waldbestände.

SCHATTENBAUMARTEN – Buchen, Tannen und Eiben können jahrzehntelang klein bleiben. Sie vegetieren im tiefen Schatten eines dichten Kronendachs und warten auf ihre Chance. Fällt einer der hohen Bäume um und reißt ein Loch ins Wipfellaub, strömt Licht auf den Waldboden und stimuliert die Schattenbäume zum Wachsen.

SCHNEEBRUCH – Wenn der Schnee in dicken Flocken fällt, ist er sehr nass und schwer. Die Last, die sich auf den Kronen sammelt, kann so groß werden, dass sie abbrechen. Nadelbäume sind stärker gefährdet als die winterkahlen Laubbäume.

SCHUTZWALD – In manchen Wäldern steht die Erzeugung von Holz an zweiter Stelle. Vorrang haben andere, wichtigere Funktionen, etwa der Schutz vor >Lawinen, Steinschlag und Hochwasser oder das Verhindern von >Erosion. Solche Wälder müssen forstlich behutsam bewirtschaftet werden, damit nicht – etwa im Gebirge – baumlose Kahlflächen entstehen und Nährstoffe aus dem Boden ausgewaschen werden.

SOMMERGRÜNER LAUBWALD – Viele deutsche Waldgesellschaften sind, ihrem Wuchsort entsprechend, von unterschiedlichen Laubbaummischungen geprägt, die im Frühling und Sommer grün, im Herbst bunt und im Winter kahl sind. Zu den typischen Standortbedingungen gehören warm-feuchte Phasen, eine längere Frostperiode mit Temperaturen unter minus 10 Grad und mindestens 500 Millimeter Niederschlag im Jahr.

STAATSWALD – 34 Prozent der deutschen Waldfläche werden im Auftrag des Bundes oder der Bundesländer verwaltet und bewirtschaftet.

STANDORT, AUCH WUCHSORT – Die Gesamtheit der im Gelände bestehenden Bedingungen, an die sich Waldbäume anpassen und unter denen sie eine typische Waldgesellschaft bilden.

STOCKAUSSCHLAG – Bei einigen Laubbaumarten wie etwa der Eiche, der Hainbuche und der Weißerle wachsen aus dem Wurzelstock, nachdem der dazugehörige Baum umgesägt wurde, neue Schösslinge. Dieses Verhalten machte man sich früher bei der Bewirtschaftung des >Niederwalds zunutze.

STREU – Mitte des 18. Jahrhunderts wurde das Getreide als Ackerfrucht von der Kartoffel verdrängt. Seitdem fehlte es an Stroh für die Einstreu in den Ställen. Die Bauern holten sich stattdessen das Laub aus den Wäldern. Das führte dazu, dass den Waldböden im Lauf der Jahrzehnte die wichtigsten Nährstoffe entzogen wurden. Der Boden versauerte, die Wuchsleistungen der Bäume nahmen ab, die Wälder wurden in ihrer Vitalität geschwächt.

TOTHOLZ – Vielleicht geht es nirgendwo so lebendig zu wie in abgestorbenen, stehenden oder liegenden Bäumen, in abgefallenen Ästen, in verrottenden Stubben. Pilze, die Recyclingspezialisten, zerlegen das Holz in seine Bestandteile. Davon profitieren die lebendigen Bäume, denen die im Holz gebundenen Nährstoffe wieder zugänglich gemacht werden. Aber auch viele Tiere haben sich an diesen Lebensraum angepasst – und zwar so stark, dass sie ohne ihn vom Aussterben bedroht sind. Weil ökologische und ökonomische Ziele in unseren Wäldern miteinander konkurrieren, werden verrottende Bäume nur selten geduldet. In mitteleuropäischen Urwäldern macht der Anteil von Totholz an der gesamten Holzbiomasse 10 bis 30 Prozent aus. In deutschen Wäldern liegt die Menge bei durchschnittlich drei Prozent.

UMTRIEBSZEIT – Siehe Tabelle im Anhang.

VEGETATIONSZEIT – Die Dauer der Zeit, in der Holzpflanzen Fotosynthese betreiben, also aus Sonnenlicht, Wasser und Kohlendioxid Zucker herstellen und in Wachstum investieren.

VERJÜNGUNG – Im Wald oder am Waldrand stellen sich ganz von selbst die jungen Sämlinge einer neuen Baumgeneration ein. Die Vorteile dieser Neubegründung eines Waldes durch die sogenannte Naturverjüngung liegen auf der Hand: Bäume sorgen kostenlos für Nachwuchs. Aufzucht und Pflege in der Baumschule und das Pflanzen vor Ort entfallen. Außerdem wachsen nur solche Sämlinge heran, die an den Standort angepasst sind.

VORRAT – Die Holzmenge eines Waldes oder mehrerer Waldgebiete, gemessen in Kubikmetern bzw. Festmetern. Zum Stichtag 1.10.2002 hat beispielsweise die zweite >Bundeswaldinventur im deutschen Wald einen Vorrat von 3,4 Milliarden Kubikmetern ermittelt. Das entspricht einem Durchschnittswert von 320 Kubikmetern Holz pro Hektar Wald.

WALDBAU – Eine Wortschöpfung aus dem Jahr 1817, die sich sprachlich an das Wort »Ackerbau« anlehnt. Inhaltlich vergleichbar ist wohl die Auffassung, dass der Förster wie der Ackerbauer seinen Betrieb nicht sich selbst überlassen kann, sondern gestaltend eingreifen muss, damit der Wald die von ihm erwarteten wirtschaftlichen Gewinne erbringt.

WALDUMBAU – Heute wird der Begriff oft angewendet, wenn es darum geht, Fichtenmonokulturen durch gepflanzte Laubbäume und Tannen zum >Mischwald »umzubauen«.

WALDZUSTANDSBERICHT – Bundesweites forstliches Monitoring. Die Berichte stützen sich auf Daten, die von den Bundesländern erhoben und als Rohdaten ans Bundesministerium für Ernährung, Landwirtschaft und Verbraucherschutz (BMELV) weitergeleitet werden. Gemessen werden natürliche Stressfaktoren wie >Wildverbiss, Schnee- oder Frostschäden, Trockenheit, Schädlingsbefall und was Luftschadstoffe der Industriegesellschaft anrichten. Der Zustand der Kronen gilt dabei als besonders aussagekräftig. Der Waldzustandsbericht 2011 und einzelne Länderberichte stehen im Internet unter: *http://www.bmelv.de/SharedDocs/Standardartikel/Landwirtschaft/Wald-Jagd/WaldBodenZustand/Waldzustand2011.html*

WELTNATURERBE – Am 25. Juni 2011 hat das UNESCO-Weltnaturerbekomitee fünf Buchenwaldgebiete in Deutschland in die Liste des Welterbes aufgenommen. Denn natürliche Tiefland-Buchenwälder und Buchenwälder nährstoffarmer >Standorte haben ihren weltweiten Verbreitungsschwerpunkt bei uns. Die Welterbekonvention ist das international bedeutendste Instrument zum Schutz unseres natürlichen Erbes. Als Weltnaturerbe werden einzigartige Naturphänomene bezeichnet wie beispielsweise der Yellowstone-Nationalpark und der Grand Canyon in den USA. Als gleichwertige Landschaften von einmaliger und weltweiter Bedeutung gelten nun: der Nationalpark Hainich in Thüringen, der Kellerwald-Edersee in Hessen, Jasmund und Müritz in Mecklenburg-Vorpommern und das Waldgebiet Grumsin im Biosphärenreservat Schorfheide-Chorin.

WILDVERBISS – So heißt es in der Fachsprache der Jäger, wenn Paarhufer wie Hirsche, Rehe oder Gämsen die Knospen, Blätter, Triebe und Keimlinge abbeißen. Besonders hart trifft es junge Bäume, wenn sie dabei den Leittrieb einbüßen und verbuschen. Das Bundesjagdgesetz verlangt von den Jägern eine Abschussquote, die gewährleistet, dass die im Revier vorkommenden Hauptbaumarten sich ohne Schutzmaßnahmen, gemeint ist ohne Zäune, >verjüngen können.

ZIELSTÄRKE ODER ZIELDURCHMESSER – Der >Brusthöhendurchmesser, ab dem Einzelstämme geerntet werden können.

ZUWACHS – Darunter verstehen Forstwirte das Dickenwachstum von Bäumen oder eines Waldes während der >Vegetationszeit.

LITERATUR

Bode, Wilhelm (Hrsg): *Naturnahe Waldwirtschaft*, Deukalion, 1997
Bode, Wilhelm, und Martin von Hohnhorst: *Waldwende*, C.H. Beck, 1994
Klaus, Siegfried, und Thomas Stephan: *Nationalpark Hainich*
Küster, Hansjörg: *Geschichte des Waldes: Von der Urzeit bis zur Gegenwart*, C.H. Beck, 2008
Küster, Hansjörg: *Das ist Ökologie. Die biologischen Grundlagen unserer Existenz*, C.H. Beck, 2005
Lieckfeld, Claus-Peter: *Tatort Wald*, Westend Verlag, 2006
Meister, Georg, und Monika Offenberger: *Die Zeit des Waldes*, Zweitausendeins, 2004
Meister, Georg, Christian Schütze, Georg Sperber: *Die Lage des Waldes*, GEO im Verlag Gruner+Jahr Ag&Co, 1984
Sperber, Georg, und Thomas Stephan: *Frankens Naturerbe: Buchenwälder im Steigerwald*, Verlag Fränkischer Tag, 2008
Wirth, Christian, Gerd Gleixner, Martin Heimann (Hrsg): *Old-Growth Forests*, Springer, 2009

LINKS

Der deutsche Wald, Reihe *Der Bürger im Staat*, 51. Jahrgang, Heft 1, 2001, Landeszentrale für politische Bildung, Baden-Württemberg: *http://www.buergerimstaat.de/1_01/wald_01.pdf*

BUND+Nabu: Fünf-Punkte-Plan für den Wald der Zukunft: *http://www.bund-niedersachsen.de/themen/wald/5_punkte_plan_fuer_den_wald_der_zukunft/*

Nationale Strategie zur Biologischen Vielfalt, Broschüre: *http://www.bmu.de/naturschutz_biologische_vielfalt/downloads/publ/40333.php*

Informationsblätter zu verschiedenen Baumarten. Schutzgemeinschaft Deutscher Wald, SDW: *http://www.sdw.de/waldwissen/baum-infos/*

ALPENBOCK *Rosalia alpina* | **44**
AMEISENBUNTKÄFER *Thanasimus formicarius* | 166f.
ÄSTIGER STACHELBART *Hericium coralloides* | **52**

BÄRLAUCH *Allium ursinum* | **32f.**
BECHERLING, ZINNOBERROTER KELCHBECHERLING *Sarcoscypha coccinea* | **72f.**
BECHSTEINFLEDERMAUS *Myotis bechsteinii* | **191**
BERGAHORN *Acer pseudoplantanes* | **1, 20f., 126,** 142, 149, **152f., 156f., 168f., 170f.,** 187
BERINGTER SCHLEIMRÜBLING *Oudemansiella mucida* | **52**
BIRKE *Betula* | **100f.,** 106f., 114, 115
BLATTLÄUSE *Aphidoidea* gehören zu den Insekten; es gibt etwa 3000 Arten, 850 davon in Mitteleuropa | **29**
BLATTLOSER WIDERBART *Epipogium aphyllum* | **136**
BLAUE FEDERLIBELLE, auch GEMEINE FEDERLIBELLE *Platycnemis pennipes* | **112**
BLEICHES KNABENKRAUT oder BLASSES KNABENKRAUT *Orchis pallens* | **137**
BORKENKÄFER *Yps typographus* | 87, 166f.
BRAUNROTE STENDELWURZ *Epipactis atrorubens* | **136**
BUCHE siehe ROTBUCHE
BUCHENSTRECKFUSS-RAUPE *Calliteara pudibunda* | **63**
BUNTSPECHT *Dendrocopos major* | **144**
BUSCHWINDRÖSCHEN *Anemone nemorosa* | 76f.

DACHS auch EUROPÄISCHER DACHS *Meles meles* | **61**
DUNKLER ZIERBOCK *Anaglyptus mysticus* | **44**

EBERESCHE oder VOGELBEERE *Sorbus aucuparia* | 114
ECHTER ZUNDERSCHWAMM *Fomes fomentarius* | **53**
ECHTES SALOMONSSIEGEL *Polygonatum odoratum* | 39
ECKFLECKIGER ZAHNFLÜGEL-PRACHTKÄFER *Dicera berolinensis* | **44**
EIBE *Taxus baccata* | 132f., 141, **180f.,** 187
EICHE *Quercus* | 56; s. a. STIELEICHE
EICHELHÄHER *Garrulus glandarius* | **144**
EICHENBLATTROLLER *Attelabus nitens* | **29**
EICHENGALLWESPE *Cynips quercusfolii* | **28**
EICHENLINSENGALLWESPE *Neuroterus quercusbaccarum* | **28**
EICHHÖRNCHEN *Sciurus vulgaris* | **60**
ELSBEERE *Sorbus torminalis* | **56, 118,** 119
EREMIT *Osmoderma eremita* | **44**
ERLE oder SCHWARZERLE *Alnus* | **96,** 97, **108f.**
ESCHE *Fraxinus excelsior* | **32f., 78f.,** 84, 110, 115, **126, 168f.,** 187

ESPE *Populus tremula* | **26f.**
EURASISCHER LUCHS *Lynx lynx* | **60**
EUROPÄISCHER BIBER *Castor fiber* | **112**
EUROPÄISCHE SUMPFSCHILDKRÖTE *Emys orbicularis* | **112**
EUROPÄISCHE WILDKATZE *Felis silvestris silvestris* | **58f.**

FICHTE auch GEMEINE FICHTE *Picea abies* | 83, 84, 86, 87, 91, 103, **150f., 152f., 156f.,** 158f., 166f., **168f.**
FUCHS *Vulpes vulpes* | **60**
FUCHS' KNABENKRAUT *Dactylorhiza fuchsii* | **136**

GALLWESPE *Cynipidae* | **29**
GÄNSESEGER *Mergus merganser* | **113**
GELBER FRAUENSCHUH *Cypripedium calceolus* | **137**
GEMEINE EICHENSCHRECKE *Meconema thalassinum* | **62**
GEMEINE FEDERLIBELLE *Platycnemis pennipes* | **112**
GESÄTER TINTLING *Coprinus disseminatus* | **53**
GESTREIFTE EICHENGALLWESPE *Cynips longiventris* | **29**
GEWEIHFÖRMIGE HOLZKEULE *Xylaria hypoxylon* | **53**
GEWÖHNLICHER SCHUPPENWURZ *Lathraea squamaria* | 77
GLOCKENBLUME *Campanula*-Gattung | 39
GOLDFELLSCHÜPPLING *Pholiota aurivella* | **53**
GRASFROSCH *Rana temporaria* | **63**
GROSSER ABENDSEGLER *Nyctalus noctula* | **191**
GROSSER GOLDKÄFER oder GROSSER ROSENKÄFER *Protaetia aeruginosa* | **191**
GROSSER PUPPENRÄUBER *Calosoma sycophanta* | **29**
GROSSES ZWEIBLATT *Listera ovata* | **137**
GRÜNLICHE WALDHYAZINTHE oder GRÜNE WALDHYAZINTHE *Plantanthera chlorantha* | **136**
GRÜNSPANBECHERLING *Chlorociboria sp.* | **52**

HAINBUCHE *Carpinus betulus* | 57, 110, **126,** 132f., 142
HASELMAUS *Muscardinus avellanarius* | **191**
HIRSCHKÄFER *Lucanus cervus* aus der Familie der SCHRÖTER | **45**
HOHLER LERCHENSPORN *Corydalis cava* | **74,** 75
HOHLTAUBE *Columba oenas* | **144**

KERBHALSIGER ZUNDER-SCHWAMM-SCHWARZKÄFER *Bolitophagus reticulatus* | **45**
KIEFER *Pinus sylvestris* | 86, 87, **100f., 104f.,** 106f.
KIRSCHE *Prunus avium* | **18**
KLEINSPECHT *Dendrocopos minor* | **144**
KOHLMEISE *Parus major* | **145**
KOLKRABE *Corvus corax* | **145**

KOPFHORNSCHRÖTER *Sinodendron cyindricum* | **45**
KRANICH auch GRAUER KRANICH *Grus grus* | **113**
KUGELSPRINGER, SPRINGSCHWÄNZE *Collembola sp.* | **63**
LÄRCHE oder EUROPÄISCHE LÄRCHE *Larix decidua* | 186
LATSCHEN- oder BERG-KIEFER *Pinus mugo* | **162**
LEBERBLÜMCHEN *Hepatica nobilis* | 76f.
LEUCHTENDER WEICHPORLING *Pycnoporellus fulgens* | **53**
LINDE *Tilia* | 115, 142, **178f.,** 187
LINDENBLATTWESPE *Caliroa annulipes* | **28**
LINDENGALLMILBE *Eriophyes tiliae* | **29**
LINDENSCHWÄRMER *Mimas tiliae* | **62**

MÄRZENBECHER auch FRÜHLINGS-KNOTENBLUME *Leucojum vernum* | **72f.**
MITTELSPECHT *Dendrocopos medius* | **191**
MOORFROSCH *Rana arvalis* | **113**
MOPSFLEDERMAUS *Barbastella barbastella* | **191**
MOSAIKSCHICHTPILZ *Xylobolus frustulatus* | **52**
MOSCHUSBOCK *Aromia moschata* | **42f.**

NESTWURZ oder VOGELNESTWURZ *Neottia nidus-avis* | **137**

PAPPEL *Populus* | **111**
PURPUR-KNABENKRAUT *Orchis purpurea* | **136**

RAUFUSSKAUZ *Aegolius funereus* | **190**
REH *Capreolus capreolus* | **61**
RIEMENSCHNECKE *Heliconda obvoluta* | **62**
ROTBLAUE STEINSAME *Buglossoides purpurocaerulea* | **36f.**
ROTBUCHE *Fagus sylvatica* | **8, 30f., 46f., 70f., 98f., 102,** 103, **104f.,** 106, 114f., **116f., 122f., 126,** 132f., **138f., 140,** 141, 143, **156f., 165, 168f., 170f.,** 187
RÖTELMAUS *Cletrionomys glareolus* | **61**
ROTHIRSCH *Cervus elaphus* | **60**

SAL-WEIDE *Salix caprea* | 19
SAMTMILBE *Trombidium holosericeum* | **62**
SCHLEIMPILZ *Stemonitis axifera* | **124f.**
SCHLIESSMUNDSCHNECKE Familie der *Clausiliidae* | **62**
SCHUPPENWURZ *Lathraea squamaria* | 76f.
SCHWAMMSPINNER *Lymantria dispar* | **29**
SCHWARZBRAUNER KURZSCHRÖTER *Aesalus scarabaeoides* | **45**
SCHWARZERLE *Alnus glutinosa* | 106f., **111**

SCHWARZPAPPEL *Populus nigra* | 110
SCHWARZSPECHT *Dryocopus martius* | **144**
SCHWARZSTÖRCHE *Ciconia nigra* | **145**
SCHWEFELPORLING *Laetiporus sulphureus* | **50f.**
SEEADLER *Haliaeetus albicilla* | **112**
SIEBENSCHLÄFER *Glis glis* | **61**
SIEBENSTERN *Trientalis europaea* | 38
SILBERWEIDE *Salix alba* | 110
SOMMERLINDE *Tilia platyphyllos* | 84, **178f.**
SPERLINGSKAUZ *Glaucidium passerinum* | **190**
SPITZAHORN *Acer platanoides* | 18
SPITZFICHTEN Ökotyp der Gemeinen Fichte *Picea abies* unter hochmontanen Klimabedingungen | **160f.**
STIELEICHE *Quercus robur* | 110, 114, 115, **116f.,** 132f., 142, 143, **174f.**
STOCKSCHWÄMMCHEN *Kuehneromyces mutabilis* | **52**
SUMPFMEISE *Poecile palustris* | **190**
SUMPF-SCHWERTLILIE *Iris pseudacorus* | **112**

TANNE auch WEISSTANNE *Abies alba* | 82, 83, 84, 132f., **152f., 156f., 168f.,** 187
TRAUBENEICHE *Quercus petraea* | 142
TRAUERMANTEL *Nymphalis antipoda* | **63**
TRAUERSCHNÄPPER *Ficedula hypoleuca* | **191**

UHU *Bubo bubo* | **145**
ULME *Ulmus minor* | 18f., 110, **126,** 187

VEILCHENBLAUER WURZEL-HALSSCHNELLKÄFER *Limoniscus violaceus* | **44**
VIERBLÄTTRIGE EINBEERE *Paris quadrifolia* | 39
VOGELKIRSCHE *Prunus avium* | 18
VOGELNESTWURZ *Neottia nidus-avis* | **137**

WALDBAUMLÄUFER *Certhia familiaris* | **145**
WALDGELBSTERN *Gagea lutea* | 76f.
WEICHHOLZ siehe WEIDE und PAPPEL
WEIDE *Salix* | **42f.,** 115
WEISSES WALDVÖGELEIN *Ceplalanthera damasonium* | **137**
WILDSCHWEIN *Sus scrofa* | **61**
WINTERLINDE *Tilia cordata* | 178f.
WOLF *Canis lupus* | **60**

ZIRBE oder ARVE oder ZIRBELKIEFER *Pinus cembra* | 186
ZUNDERSCHWAMM *Fomes fomentarius* | 23, **24f., 53**
ZWIEBEL-ZAHNWURZ *Cardamine bulbifera* | **131**

IMPRESSUM

www.grubbemedia.de

Autorin: Uta Henschel
Fotograf: Thomas Stephan
Gestaltung: Iris Streck, agenten.und.freunde, München, a-u-f.de
Lektorat/Schlusskorrektorat: Dr. Ulrike Kretschmer

Druck: Passavia Druckservice GmbH & Co. KG

Printed in Germany

ISBN: 978-3-942194-08-2

Die Deutsche Nationalbibliothek verzeichnet diese Publikation in der Deutschen Nationalbibliografie; detaillierte bibliografische Daten sind im Internet unter www.dnb.de abrufbar.

MIX Aus verantwortungsvollen Quellen FSC® C022274

Wir drucken klimaneutral mit natureOffice